BWL Basiswissen

Ein Schnellkurs für Nicht-Betriebswirte

Dr. Volker Schultz

W0051983

So nutzen Sie dieses Buch

Die folgenden Elemente erleichtern Ihnen die Orientierung im Buch:

Beispiele

In diesem Buch finden Sie zahlreiche Beispiele, die die geschilderten Sachverhalte veranschaulichen.

Definitionen

Hier werden Begriffe kurz und prägnant erläutert.

Die Merkkästen enthalten Empfehlungen und hilfreiche Tipps.

Auf den Punkt gebracht

Am Ende jedes Kapitels finden Sie eine kurze Zusammenfassung des behandelten Themas.

Inhalt

Buchführung und Bilanz: das externe Rechnungswesen

Vorwort

Betriebswirtschaftliches Grundwissen zählt fast schon zur Allgemeinbildung. Wirtschaftswissenschaftliche Grundbegriffe begegnen einem in den Medien, in Schule und Ausbildung sowie im Beruf.

Dieses Buch soll Ihnen helfen, den Einstieg in die BWL „zwischendurch" – z. B. während einer Bahnfahrt, während einer Pause oder am Abend vor dem Einschlafen – zu meistern. Dazu sind die wichtigsten Bereiche der BWL prägnant und kompakt zusammengefasst. Die einzelnen Kapitel sind so aufgebaut, dass Sie sie unabhängig voneinander durcharbeiten können.

Aufgrund des begrenzten Seitenumfangs kann dieses Buch nur einen „Schnellkurs" darstellen, der sich auf die wichtigsten Sachverhalte beschränkt. Für viele Leser mag dies ausreichen – sie sind froh, nicht mit Informationen überflutet zu werden. Diejenigen aber, die tiefer in die Materie einsteigen wollen, haben nach der Lektüre dieses Buches eine Grundlage, auf der sie aufbauen können. Am Ende des Buches finden Sie Hinweise auf weiterführende Literatur.

Für ein Feedback zu diesem Buch bin ich dankbar. Dafür steht die E-Mail-Adresse Beck-kompakt-BWL@gmx.de zur Verfügung.

Ich wünsche Ihnen nun beim Eintauchen in die betriebswirtschaftliche Gedankenwelt viel Erfolg.

Darmstadt, im Mai 2008
Dr. Volker Schultz

Was ist Betriebswirtschaft?

Ein wesentliches Merkmal, das menschliche Gesellschaften von Tierpopulationen unterscheidet, ist der planmäßige Austausch von knappen Gütern. Archäologische Funde belegen, dass unsere Vorfahren bereits in vorgeschichtlicher Zeit mit Gütern handelten, die sie gesammelt, erbeutet oder selbst hergestellt hatten. Bereits damals fanden Vorgänge statt, die wir heute als „wirtschaftliches Handeln" oder als „Wirtschaftsprozesse" bezeichnen würden.

Umso erstaunlicher ist es, dass die wissenschaftliche Durchdringung dieser Vorgänge erst in der Neuzeit einsetzt: Die Wirtschaftswissenschaft ist eine sehr junge Wissenschaft, die sich in die beiden Disziplinen

▸ Volkswirtschaftslehre und

▸ Betriebswirtschaftslehre

gliedert. Während sich die Volkswirtschaftslehre mit gesamtwirtschaftlichen Zusammenhängen befasst, stehen in der Betriebswirtschaftslehre (BWL) wirtschaftliche Fragestellungen von kleineren Einheiten (Betrieben, Unternehmen) im Vordergrund.

Im deutschsprachigen Raum entwickelte sich die Betriebswirtschaftslehre erst ab dem Jahr 1898 – nach der Gründung mehrerer Handelshochschulen – zur eigenständigen wissenschaftlichen Disziplin. In der Anfangszeit stand das Rechnungswesen im Vordergrund der Untersuchungen. In der zweiten Hälfte des 20. Jahrhunderts verlagerten sich, zumeist durch Entwicklungen in den USA beeinflusst, die Schwerpunkte mehrfach. Die heutige Betriebswirtschaftslehre stellt eine heterogene, pluralistische Wissenschaft dar, bei der neben der allgemeinen Betriebswirtschaftlehre auch spezielle Wirtschaftszweiglehren für bestimmte Branchen (z. B. für Industriebetriebe, Handelsunternehmen, Banken, Versicherungen) unterschieden werden. Die große Bedeutung der BWL ist nicht zuletzt auch daran erkennbar, dass sie sich zu einem der beliebtesten Studiengänge in Deutschland entwickelt hat.

> Die Betriebswirtschaftslehre (BWL) befasst sich mit der Organisation und Steuerung von Betrieben. Unter einem Betrieb wird eine technisch-organisatorische Wirtschaftseinheit verstanden, die Güter oder Dienstleistungen erstellt und diese auf Märkten anbietet.

Den Betrieben stehen Haushalte, die nicht produktiv tätig sind, sondern die die von den Betrieben erstellten und angebotenen Leistungen verbrauchen (konsumieren), gegenüber.

Betriebe können sowohl von privaten Anteilseignern (z. B. einzelne Personen oder Aktionäre) als auch von der öffentlichen Hand (z. B. Städte und Gemeinden) getragen werden. Private Betriebe sind ein Kennzeichen für ein marktwirtschaftliches Wirtschaftssystem; sie werden auch als Unternehmen bezeichnet.

Unternehmen können in den verschiedensten Bereichen einer Wirtschaft tätig sein. Abbildung 1 zeigt die prozentuale Aufteilung von Deutschlands Unternehmen, wenn man die Anzahl der sozialversicherungspflichtig Beschäftigten als Größenmaßstab zugrunde legt.

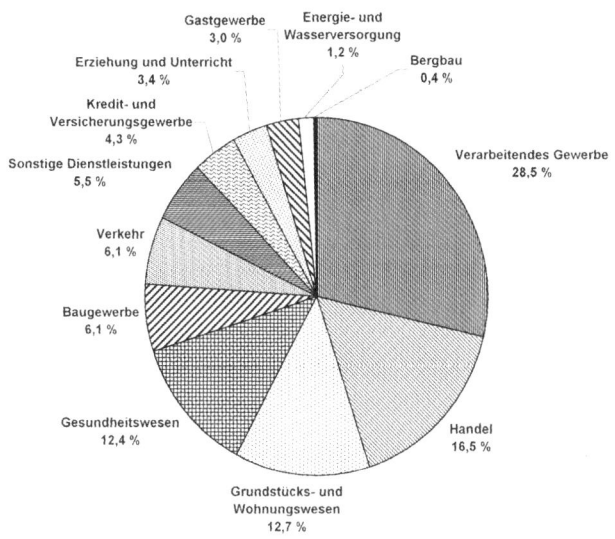

Abbildung 1: Aufteilung der Unternehmen Deutschlands in Wirtschaftszweige aufgrund des prozentualen Anteils an den sozialversicherungspflichtig Beschäftigten (eigene Darstellung auf Basis von Zahlen des Statistischen Bundesamtes, Wiesbaden)

Zur Durchführung der Leistungserstellungsprozesse, die in einem Unternehmen ablaufen, werden verschiedene Ressourcen benötigt. Im Produktionsprozess erfolgt eine Verknüpfung dieser Einsatzgüter oder „Input"-Größen, sodass verkaufbare Güter (oder Dienstleistungen) entstehen, die als „Output" bezeichnet werden. Abbildung 2 zeigt diesen Prozess in grafischer Form. Zugleich verdeutlicht die Abbildung, welche Aufgaben die Betriebswirtschaft dabei wahrnimmt.

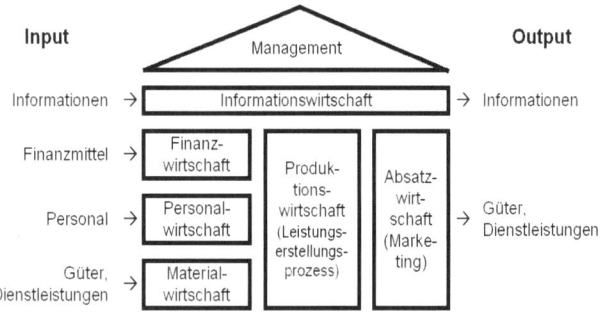

Abbildung 2: Funktionsbereiche in einem Unternehmen

Aus diesen Aufgaben ergibt sich eine Untergliederung der Betriebswirtschaftslehre nach funktionellen Aspekten. Die Steuerung und Koordination des gesamten Unternehmens, die Schaffung der organisatorischen Rahmenbedingungen und die Ausrichtung des Unternehmens auf gemeinsame Ziele ist Aufgabe des Managements. Um die anliegenden Planungs-, Organisations- und Steuerungsaufgaben erfüllen zu können, wird das Management durch die Informationswirtschaft unterstützt, die alle übrigen betrieblichen Funktionsbereiche verbindet sowie den Informationsaustausch innerhalb des Unternehmens, aber auch mit der Unternehmensumwelt sicherstellt. Zur Informationswirtschaft zählen unter anderem

▸ die Buchführung,

▸ die Kostenrechnung und

▸ das Controlling.

Über die Beschaffungsmärkte werden Kapital durch die Finanzwirtschaft, Arbeitskräfte durch die Personalwirtschaft sowie Güter (Rohstoffe, Zukaufteile) und Dienstleistungen durch die Materialwirtschaft bereitgestellt. Die Produktionswirtschaft unterstützt die Optimierung von Fertigungsprozessen. Die Absatzwirtschaft bzw. das Marketing stellt den Verkauf der erstellten Produkte (oder Dienstleistungen) auf den Absatzmärkten sicher.

Auf den Punkt gebracht

Die Betriebswirtschaftslehre befasst sich mit der Organisation und Steuerung von Betrieben. Sie lässt sich unter funktionellen Gesichtspunkten in verschiedene Teilbereiche wie z. B. die Informationswirtschaft, die Finanzwirtschaft oder das Marketing unterteilen.

Grundlagen der Betriebswirtschaft

In diesem Kapitel lernen Sie wichtige Grundlagen der BWL kennen. Dazu zählen neben dem ökonomischen Prinzip vor allem die Begriffe „Rentabilität" und „Liquidität" sowie die betriebswirtschaftlichen Produktionsfaktoren.

Das ökonomische Prinzip

Bei der Bewirtschaftung von knappen Gütern werden rationale Entscheidungen auf der Grundlage des sogenannten ökonomischen Prinzips getroffen, das auch unter der Bezeichnung „Wirtschaftlichkeitsprinzip" bekannt ist. Das ökonomische Prinzip besitzt drei Ausprägungsformen:

▸ **Maximum-Prinzip**
  Bei gegebenem Mitteleinsatz soll ein maximales Ergebnis erzielt werden.

▸ **Minimum-Prinzip**
  Mit minimalem Mitteleinsatz soll ein bestimmtes Ergebnis erreicht werden.

▸ **Optimum-Prinzip** (oder generelles Extremum-Prinzip)
  Es soll ein möglichst günstiges Verhältnis zwischen Mitteleinsatz und Ergebnis realisiert werden.

Mit dem ökonomischen Prinzip als Handlungsmaxime lassen sich die verschiedensten Zielsetzungen verfolgen: So kann das Ziel der Gewinnmaximierung angestrebt werden, aber auch die Marktbeherrschung oder die Steigerung des „Shareholder Value".

Wann welches Prinzip?

Ein Maschinenbauunternehmen, das einen möglichst ho-
hen Gewinn erzielen möchte, wendet das Maximum-Prinzip
an; ein städtisches Krankenhaus, dessen Träger eine be-
stimmte Bettenkapazität vorgibt, arbeitet hingegen auf der
Basis des Minimum-Prinzips.

Im Gegensatz zu Ingenieuren, die häufig ein technisches
Optimum durch Ausnutzung aller technischen Möglichkeiten anstreben, sollten im Rahmen der Betriebswirtschaft
ökonomische Kriterien im Vordergrund stehen. Eine betriebswirtschaftliche Denkweise ist dadurch gekennzeichnet, dass bei allen Entscheidungen Kosten-Nutzen-Ab-
gleiche eine wichtige Rolle spielen: Kosten, die durch eine
Entscheidung verursacht werden, sollten stets durch den
dadurch entstehenden Nutzen gerechtfertigt sein. Dies gilt
für alle Teilbereiche in einem Unternehmen und in der
Betriebswirtschaft: Einzelne Produkte müssen sich ebenso
rechnen wie Beschaffungen und Investitionen oder organisatorische Maßnahmen.

Rentabilität und Liquidität

Der Erfolg eines Unternehmens wird an seiner Rendite
gemessen. Darunter wird der erzielte Überschuss bezogen
auf das eingesetzte Kapital – also nichts anderes als die
Verzinsung des eingesetzten Kapitals – verstanden. In der
BWL spricht man üblicherweise von „Rentabilität".

Es gilt:

$$Rentabilität = \frac{Jahresabschluss}{Kapital}$$

Je nach dem, welche Größe als Bezugsbasis dient, spricht man von

▸ Eigenkapital-,

▸ Gesamtkapital- oder von

▸ Umsatzrentabilität.

Der Rentabilität steht die Liquidität gegenüber.

Liquidität
Liquidität stellt die Fähigkeit eines Unternehmens dar, seinen Zahlungsverpflichtungen jederzeit fristgerecht nachzukommen.

Ist das Unternehmen nicht liquide, liegt Zahlungsunfähigkeit vor, die zur Einleitung eines Insolvenzverfahrens und gegebenenfalls sogar zur Liquidation des Unternehmens führen kann. Deshalb ist die Sicherstellung der Liquidität eine der wichtigsten Aufgaben der Unternehmensleitung. Zur Messung der Liquidität dienen Liquiditätskennzahlen. Dazu werden Kapitalpositionen den kurzfristigen Verbindlichkeiten (d. h. den in nächster Zeit fällig werdenden Zahlungsverpflichtungen) des Unternehmens gegenübergestellt. Die sog. Barliquidität (oder Liquidität ersten Grades) berechnet sich nach folgender Gleichung:

$$Barliquidität = \frac{Zahlungsmittel}{kurzfristige\ Verbindlichkeiten}$$

Damit einem Unternehmen eine ausreichende Liquidität attestiert werden kann, sollte die Barliquidität bei mindestens 20 Prozent liegen. Je höher der ermittelte Prozentsatz ausfällt, desto günstiger sind die Liquiditätssituation und damit die Zahlungsbereitschaft zu beurteilen.

Rentabilität und Liquidität sind Zielsetzungen, die sich gegenseitig widersprechen:

Rentabilität vs. Liquidität

Wenn ein Unternehmen sein Kapital mit einer guten Verzinsung anlegt, ist das Kapital für einen bestimmten Zeitraum gebunden und somit nicht kurzfristig verfügbar; dadurch können Liquiditätsprobleme auftreten. Der Preis für eine hohe Liquidität durch kurzfristige Kapitalanlagen ist wiederum eine schlechtere Rentabilität.

Es ist eine wichtige Aufgabe der Finanzwirtschaft (siehe Seite 83 ff.), eine größtmögliche Rentabilität zu erzielen und gleichzeitig die Liquidität des Unternehmens sicherzustellen.

Betriebswirtschaftliche Produktionsfaktoren

Nach dem Zweiten Weltkrieg erhielt die Betriebswirtschaftslehre erhebliche Impulse durch den an der Universität Köln lehrenden Betriebswirt Erich Gutenberg (1897–

1984). Gutenberg schlägt als Bezugssystem für Unternehmen das mengenmäßige Verhältnis zwischen Ausgangsgrößen (Output) und den eingesetzten Gütern (Input) vor. Dieses Verhältnis wird auch als „Produktivität" bezeichnet:

$$\text{Produktivität} = \frac{Output}{Input} = \frac{Ausbringungsgüter}{Einsatzgüter}$$

Während die Outputgrößen die von einem Unternehmen erzeugten Güter oder Dienstleistungen darstellen, wird der Input oder Faktoreinsatz eines Unternehmens über Produktionsfaktoren abgebildet. Eine bis heute allgemein anerkannte betriebswirtschaftliche Produktionsfaktorsystematik veröffentlichte Gutenberg in den 1950er-Jahren. Er unterscheidet drei Elementarfaktoren und einen dispositiven Faktor.

Elementarfaktoren werden unmittelbar im Rahmen des Leistungserstellungsprozesses (Erstellung von Gütern oder Dienstleistungen) eingesetzt. Sie lassen sich untergliedern in

▸ menschliche Arbeitsleistung (objektbezogene, ausführende Arbeit direkt am Produkt),

▸ Betriebsmittel (Gebäude, Maschinen, Werkzeuge) und

▸ Werkstoffe (Rohstoffe, Zukaufteile).

Der dispositive Faktor bildet menschliche Arbeitsleistung ab, die nicht unmittelbar in die Produktion einfließt. Dazu zählen die Aufgaben der Geschäftsleitung eines Unternehmens sowie die Bereiche Organisation, Planung und Kontrolle.

Diese grundlegende Systematik wurde in den Folgejahren von verschiedenen Autoren modifiziert und um weitere Faktoren ergänzt. Neben der gutenbergschen Faktorsystematik, die ursprünglich für den Bereich der Produktion aufgestellt worden war, finden sich in der Literatur spezielle Produktionsfaktorsysteme für bestimmte Wirtschaftszweige (z. B. für Handelsunternehmen).

Mit den Produktionsfaktoren lässt sich das Wesen eines Unternehmens als „Produktivitätsbeziehung" erklären und in der Form eines Gleichungssystems darstellen. Die Möglichkeit, betriebliche Vorgänge in mathematischen Gleichungssystemen abzubilden, ist eine wichtige Voraussetzung für die Anwendung von Computern im Bereich der Unternehmensplanung und -steuerung.

Auf den Punkt gebracht

Grundlage der Betriebswirtschaft ist wirtschaftliches Denken, das unter Abwägung von Kosten-Nutzen-Überlegungen die Rentabilität von Entscheidungen im Auge behält und zugleich die Liquidität und die Produktivität eines Unternehmens sicherstellt. Der Input – also die Eingangsgrößen eines Unternehmens – werden als Produktionsfaktoren bezeichnet.

OHG oder GmbH? – Besonderheiten der Rechtsformen

Ein Unternehmen lässt sich durch verschiedene Merkmale charakterisieren, die bei der Gründung festgelegt werden. Zu diesen sogenannten konstitutiven Rahmenentscheidungen zählen die Rechtsform, der Standort, das Leistungsprogramm und die Produktionskapazität eines Unternehmens.

Dabei hat die Entscheidung für eine bestimmte Rechtsform unmittelbaren Einfluss auf folgende Bereiche:

- ▶ Haftung (Wer haftet, in welcher Höhe wird gehaftet?)
- ▶ Geschäftsführung (Wer ist zur Leitung des Unternehmens berechtigt oder verpflichtet?)
- ▶ Mindestkapitalbedarf
- ▶ Finanzierungsmöglichkeiten (Wege der Kapitalbeschaffung)
- ▶ Verteilung von Gewinnen und Verlusten
- ▶ Steuerliche Belastungen
- ▶ Publizitätsverpflichtungen
- ▶ Mitbestimmung der Arbeitnehmer

Es werden folgende Rechtsformen unterschieden:

- ▶ Einzelunternehmen
- ▶ Personengesellschaften
- ▶ Kapitalgesellschaften

▸ sonstige Rechtsformen (wie beispielsweise Genossen-
schaften, Versicherungsvereine auf Gegenseitigkeit oder
öffentlich-rechtliche Körperschaften und Stiftungen)

In Abbildung 3 sind die prozentualen Anteile, die diese
Rechtsformen in Deutschland besitzen, zusammengestellt.

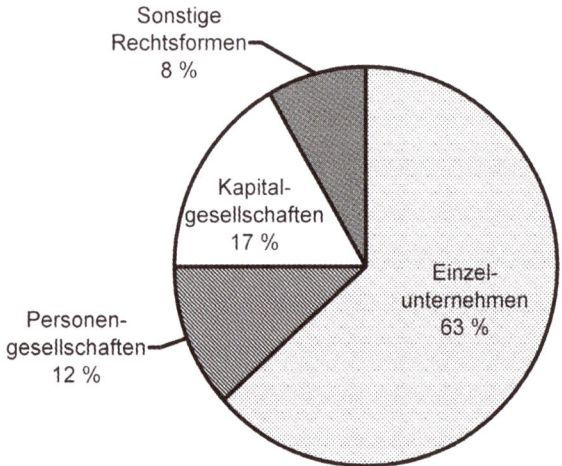

Abbildung 3: Aufteilung der Unternehmen in Deutschland nach Rechts-
formen (eigene Darstellung auf Basis von Zahlen des Statistischen Bundes-
amtes, Wiesbaden)

Einzelunternehmen

Ein Einzelunternehmen gehört einem einzigen Eigentümer,
der als Einzelunternehmer allein und unbegrenzt – auch
mit seinem gesamten Privatvermögen – haftet. Der Eigentümer erhält die Gewinne, muss aber auch sämtliche Verluste tragen. Er hat jederzeit das Recht, seinem Unterneh-

men finanzielle Mittel oder Sachgüter zu entnehmen oder zuzuführen. Die Leitung des Unternehmens steht ihm alleine zu.

Einzelunternehmen sind in das Handelsregister einzutragen. Nach der Eintragung gilt ein Einzelunternehmer als eingetragener Kaufmann und muss dies in seinem Firmennamen kenntlich machen. Üblich sind dafür die Abkürzungen „e. K.", aber auch „e. Kfm." oder „e. Kfr." (= eingetragene Kauffrau).

Personengesellschaften

Bei einer Personengesellschaft haben sich mehrere Personen (sog. Gesellschafter) zur Gründung eines Unternehmens zusammengeschlossen, wobei alle oder ein Teil der Gesellschafter wie beim Einzelunternehmen unbegrenzt mit ihrem Privatvermögen haften. Es lassen sich die Rechtsformen

▸ BGB-Gesellschaft (GbR),

▸ offene Handelsgesellschaft (OHG) und

▸ Kommanditgesellschaft (KG)

unterscheiden.

Gesellschaft bürgerlichen Rechts (GbR)

Die Gesellschaft bürgerlichen Rechts (GbR), die auch als BGB-Gesellschaft bezeichnet wird, ist die einfachste Form einer Personengesellschaft. Sie basiert auf den Regelungen der §§ 705 ff. BGB.

Eine BGB-Gesellschaft entsteht, wenn mehrere Personen sich zur Förderung eines gemeinsamen Zwecks zusammenschließen und Beiträge zur gemeinsamen Sache leisten. Sie kann unbürokratisch gegründet werden – der Abschluss eines schriftlichen Gesellschaftsvertrags ist nicht erforderlich (wohl aber ratsam!), mündliche Absprachen sind ausreichend. Dadurch ist es denkbar, dass eine BGB-Gesellschaft entsteht, ohne dass sich die Beteiligten dessen bewusst sind (z. B. stellen Fahr- oder Wohngemeinschaften Ausprägungsformen von BGB-Gesellschaften dar).

Die Gesellschafter haften gemeinsam und unbeschränkt für die Schulden der Gesellschaft; die Geschäftsführung steht ihnen gemeinsam zu. Die BGB-Gesellschaft erlischt, wenn ein Gesellschafter durch Kündigung oder Tod ausscheidet. Im Wirtschaftsleben sind BGB-Gesellschaften z. B. bei Anwaltssozietäten oder bei Gemeinschaftspraxen üblich.

Offene Handelsgesellschaft (OHG)

Bei der offenen Handelsgesellschaft (OHG) haben sich mindestens zwei gleichberechtigte Eigentümer (Gesellschafter) zusammengeschlossen. Die Gesellschafter erhalten die Gewinne des Unternehmens und tragen entstehende Verluste. Bei keinem Gesellschafter ist die Haftung beschränkt; sie haften gemeinsam und unbegrenzt, auch mit ihrem Privatvermögen. Grundlage für den Zusammenschluss ist der Gesellschaftsvertrag, der die Rechtsverhältnisse der Gesellschafter untereinander und insbesondere die Verteilung von Gewinnen und Verlusten regelt. Sind im Gesellschaftsvertrag keine Regelungen getroffen,

gelten die gesetzlichen Bestimmungen des Handelsgesetz-
buches (§§ 105–160 HGB).

Kommanditgesellschaft (KG)

Bei der Kommanditgesellschaft (KG) haben sich (ebenso
wie bei der OHG) mehrere Gesellschafter zusammengeschlossen. Während bei der OHG alle Gesellschafter unbegrenzt haften, ist bei der KG bei einem Teil der Gesellschafter die Haftung auf die Kapitaleinlage begrenzt.

Gesellschafter, die wie bei einer OHG unbeschränkt mit
ihrem gesamten Privatvermögen haften, werden als „Komplementäre" oder als „persönlich haftende Gesellschafter"
bezeichnet. Daneben gibt es Kommanditisten, die nur mit
ihrer Kapitaleinlage haften, dafür aber von der Geschäftsführung ausgeschlossen sind.

Wie bei einer OHG regelt ein Gesellschaftsvertrag das In-
nenverhältnis unter den Gesellschaftern. Insbesondere ist
die Höhe der Einlage, mit der die Kommanditisten haften,
im Gesellschaftsvertrag zu fixieren. Die Höhe der Kapitaleinlage der Komplementäre ist hingegen variabel. Da sie
ohnehin mit ihrem gesamten Privatvermögen haften, ist es
für Haftungsaspekte ohne Belang, welchen Betrag sie ein-
gezahlt haben.

Kapitalgesellschaften

Eine Kapitalgesellschaft ist ein künstliches Gebilde, eine
sog. juristische Person, für deren Entstehung ein spezieller
Gründungsakt erforderlich ist. Dazu ist ein Gesellschafts-

vertrag abzuschließen, ein Mindestanteil der Einlagen ein-
zuzahlen und die Gesellschaft in das Handelsregister einzutragen. Erst mit dieser Eintragung entsteht die juristische
Person.

> **!** Im Gegensatz zu Einzelunternehmen und zu Perso-
> nengesellschaften haften Kapitalgesellschaften nur mit
> ihrem Gesellschaftsvermögen. Es existiert keine natür-
> liche Person, die mit ihrem Privatvermögen haften
> würde.

Aus Gründen des Gläubigerschutzes stellt der Gesetzgeber
spezielle Anforderungen an Buchführung, Bilanzierung und
an die Ausschüttungspolitik von Kapitalgesellschaften. Die
wichtigsten Formen von Kapitalgesellschaften sind die
GmbH und die Aktiengesellschaft (AG).

Gesellschaft mit beschränkter Haftung (GmbH)

Bei einer Gesellschaft mit beschränkter Haftung (GmbH) ist
die Haftung auf das Stammkapital beschränkt, das einen
Betrag von mindestens 25.000 € aufweisen muss. Wie viele
Personen eine GmbH gründen, ist beliebig gestaltbar. Nach
§ 1 GmbHG ist auch eine Einpersonen-GmbH zulässig.

Organe einer GmbH sind die Geschäftsführung und die
Gesellschafterversammlung. Im Gesellschaftsvertrag einer
GmbH müssen nach dem GmbH-Gesetz der Sitz, der Ge-
samtbetrag des Stammkapitals und die Höhe der Stamm-
einlage eines jeden Gesellschafters festgelegt sein. Darüber
hinaus sind weitere Regelungen möglich.

Der Jahresabschluss einer GmbH wird durch die Geschäftsführung erstellt. Über die Verwendung des Jahreserfolgs (Gewinn oder Verlust) entscheiden die Gesellschafter: Sie können den Gewinn entweder unter sich verteilen, in die Rücklagen einstellen oder in das kommende Geschäftsjahr vortragen.

Um Neugründungen zu erleichtern und die Rechtsform GmbH für Unternehmensgründer attraktiv zu machen, plant die Bundesregierung derzeit eine GmbH-Reform, die voraussichtlich Ende 2008 in Kraft tritt. Im Rahmen dieser Reform werden die Modalitäten der Handelsregistereintragung vereinfacht und die Übertragbarkeit von GmbH-Anteilen erleichtert. Weiterer Bestandteil der Reform ist ein GmbH-Mustergesellschaftsvertrag, bei dessen Anwendung die sonst erforderliche notarielle Beurkundung entfällt. Die markanteste Änderung ist die Absenkung des Mindeststammkapitals einer GmbH auf 10.000 €.

Haftungsbeschränkte Unternehmergesellschaft (UG)

Eine Variante der GmbH ist die haftungsbeschränkte Unternehmergesellschaft (kurz: UG), die voraussichtlich Ende 2008 im Rahmen einer GmbH-Reform eingeführt wird. Bei der UG beträgt das Stammkapital lediglich einen Euro. Der Gläubigerschutz soll durch einige verschärfte Pflichten, denen die Geschäftsführer und die Gesellschafter einer UG unterliegen, sichergestellt werden.

Die UG ist darauf angelegt, zu einer „normalen" GmbH heranzuwachsen. Das wird dadurch sichergestellt, dass von den jährlichen Gewinnen des Unternehmens jeweils ein Viertel in eine gesetzliche Rücklage einzustellen ist, bis ein

Betrag in Höhe des Mindeststammkapitals einer GmbH erreicht ist. Dann kann die UG in eine GmbH umgewandelt werden.

GmbH & Co. KG

Die GmbH & Co. KG stellt eine Kommanditgesellschaft (also eine Personengesellschaft) dar, bei der eine juristische Person in Form einer GmbH die Rolle des Komplementärs übernimmt. Damit ist eine unbeschränkte, persönliche Haftung einer natürlichen Person ausgeschlossen: Die Kommanditisten (die häufig auch die Gesellschafter der GmbH sind) haften nur mit ihrer Einlage, die GmbH haftet mit ihrem begrenzten Vermögen. Die Geschäftsführung und die rechtliche Vertretung der GmbH & Co. KG übernehmen die Geschäftsführer der GmbH. Die GmbH & Co. KG ist in Deutschland vor allem bei mittelständischen Unternehmen weit verbreitet, da auf diese Weise die Vorteile einer Personengesellschaft bei gleichzeitigem Haftungsausschluss genutzt werden können.

Aktiengesellschaft (AG)

Zur Errichtung einer Aktiengesellschaft (AG) muss ein Grundkapital mit einem Nennbetrag von mindestens 50.000 € aufgebracht werden. Wie bei der GmbH genügt schon eine Person als Gründer (§ 2 AktG).

Die Gestaltungsmöglichkeiten des „Satzung" genannten Gesellschaftsvertrags einer Aktiengesellschaft sind begrenzt. Neben dem Sitz und dem Unternehmensgegenstand (Art der Erzeugnisse und Waren) sind in der Satzung die Höhe des Grundkapitals, Nennbetrag, Zahl und Gattung der Aktien sowie die Zahl der Vorstandsmitglieder festzulegen.

Die Organe einer Aktiengesellschaft sind Vorstand, Aufsichtsrat und Hauptversammlung. Der Vorstand ist ein eigenverantwortliches, nicht weisungsgebundenes Leitungsorgan, das für fünf Jahre vom Aufsichtsrat bestellt wird. Aus wichtigem Grund kann der Vorstand jederzeit vom Aufsichtsrat abberufen werden. Der Aufsichtsrat besteht aus mindestens drei Personen, die von der Hauptversammlung gewählt werden. Er überwacht den Vorstand, prüft den Jahresabschluss und vertritt die Gesellschaft gegenüber dem Vorstand.

Die Hauptversammlung bildet als Vollversammlung aller Aktionäre das oberste Organ einer Aktiengesellschaft. Durch die Hauptversammlung werden die Aktionärsvertreter des Aufsichtsrats gewählt, Vorstands- und Aufsichtsratsmitglieder entlastet und es wird über die Gewinnverwendung entschieden.

Europäische Gesellschaft (Societas Europaea, SE)

Als Option für grenzüberschreitend tätige Kapitalgesellschaften besteht seit 2004 die Möglichkeit, sich zu einer Europäischen Gesellschaft (Societas Europaea, abgekürzt: SE) zusammenzuschließen. Voraussetzung dafür ist, dass mindestens zwei bestehende Kapitalgesellschaften aus verschiedenen Staaten der EU beteiligt sind. Da die SE eine Variante einer AG darstellt, wird sie umgangssprachlich auch als „Europa-AG" bezeichnet. Maßgeblich für die anzuwendenden rechtlichen Grundlagen, aber auch für die

Besteuerung ist der Staat, in dem die SE ihren Sitz hat. Das Mindestgrundkapital einer SE beträgt 120.000 €. In Deutschland wurden bislang nur wenige Unternehmen (z. B. das Versicherungsunternehmen Allianz AG) in eine SE umgewandelt.

Auf den Punkt gebracht

Es gibt eine Reihe von Rechtsformen, die ihre jeweiligen Vor- und Nachteile haben. Durch die Rechtsform werden u. a. der Umfang der Eigentümerhaftung, aber auch die Möglichkeiten der Kapitalbeschaffung festgelegt. Bei Personengesellschaften haften alle oder zumindest einige Gesellschafter mit ihrem Privatvermögen. Bei Kapitalgesellschaften ist dies nicht der Fall – hier haftet nur die Gesellschaft mit ihrem Gesellschaftsvermögen.

Aufgaben der Unternehmensführung

Die Unternehmensführung hat die Aufgabe, das gesamte Unternehmen und die darin ablaufenden Prozesse zielgerichtet zu steuern.

Die Unternehmensführung wird auch als „Geschäftsleitung" oder als „Management" bezeichnet. In den folgenden Ausführungen werden diese Begriffe gleichberechtigt nebeneinander verwendet.

Institutionen des Managements

Die Träger des Managements sind alle mit Führungsaufgaben betrauten Personen, die Weisungsbefugnis gegenüber anderen Personen haben. Dazu zählen nicht nur die eigentliche Leitung des Unternehmens, sondern alle Mitarbeiter, die mit Entscheidungs- und Anordnungsbefugnis ausgestattet sind. Diese Personen werden auch als Führungskräfte oder Manager bezeichnet.

Führungs- und Managementprozesse laufen auf allen Hierarchieebenen eines Unternehmens ab. Eine grobe Unterteilung unterscheidet drei Managementebenen:

▸ **Oberste Unternehmensleitung** (Top-Management)
Hierzu zählen die Geschäftsführung oder der Vorstand eines Unternehmens. Auf dieser Ebene werden über-

wiegend Grundsatzfragen geklärt und strategische (langfristige) Entscheidungen getroffen.

▸ **Mittlere Führungsebene** (Middle Management)
Führungskräfte der mittleren Ebene (wie z. B. Abteilungsleiter) haben die Vorgaben des Top-Managements umzusetzen, Abläufe zu strukturieren und entsprechende Anordnungen zu treffen. Die Entscheidungen haben einen mittelfristigen Zeithorizont.

▸ **Untere Führungsebene** (Lower Management)
Auf der unteren Ebene (z. B. Meister oder Werkstattleiter) werden kurzfristige Entscheidungen getroffen. Im Vordergrund stehen ausführende Tätigkeiten.

Zwischen diesen Führungsebenen ist vor allem in größeren Unternehmen eine Vielzahl von Zwischenstufen (z. B. Abteilungsdirektoren, Hauptabteilungsleiter, Abteilungsleiter, Gruppenleiter) eingeschoben.

Die oberste Führungsebene wird in Deutschland üblicherweise als Vorstand bezeichnet. Der Vorstand setzt sich aus einem Vorstandsvorsitzenden und weiteren Mitgliedern (Direktoren) zusammen, die für einzelne Aufgabenbereiche oder Ressorts zuständig sind. Im angelsächsischen Sprachraum heißt der Vorstandsvorsitzende „Chief Executive Officer" (abgekürzt CEO). Entsprechend sind auch die übrigen Vorstandsmitglieder „Chief Officer", beispielsweise für Finanzen (Chief Financial Officer, CFO) oder für Datenverarbeitung (Chief Information Officer, CIO). Diese Bezeichnungen sind inzwischen auch bei deutschen Unternehmen, die damit ihre Internationalität zeigen wollen, gebräuchlich.

Konzeptionelle Managementaufgaben

Die Unternehmensleitung hat grundlegende Entscheidungen zu treffen, die das Unternehmen langfristig binden. Dazu zählt beispielsweise die Festlegung der Rechtsform (ausführliche Darstellung auf S. 21 ff.), aber auch die Entwicklung einer Unternehmensphilosophie, aus der sich ein Unternehmensleitbild, die Ziele des Unternehmens und schließlich die Unternehmenspolitik ableiten lassen. Dieser Aufgabenbereich wird als „strategisches Management" bezeichnet.

Durch die Unternehmensphilosophie werden ethische und moralische Richtlinien, die für das Unternehmen maßgeblich sein sollen, festgelegt. Diese Regelungen bilden die Grundlage für alles wirtschaftliche Handeln eines Unternehmens. Unter Zuhilfenahme von externen Unternehmensberatern haben viele größere Unternehmen Richtlinien in Form eines Unternehmensleitbildes zusammengefasst und veröffentlicht. Darin werden Aussagen zur Verantwortung für Mensch und Umwelt, für Mitarbeiter, aber auch zum Verhalten gegenüber Lieferanten und Kunden getroffen.

Aus dem Unternehmensleitbild werden die Zielsetzungen des Unternehmens abgeleitet. Sie setzen sich aus mehreren Teilzielen zusammen und sind das Ergebnis eines Entscheidungsprozesses, an dem sich die Eigner des Unternehmens, das Management, die Mitarbeiter, aber auch gesellschaftliche Gruppen beteiligen. Bei den meisten Unternehmen ist die Gewinnmaximierung ein wichtiges Ziel. Daneben finden sich Ziele in Form von Leistungsvorgaben im Bereich von Produktions- und Absatzwirtschaft, mitarbeiterbezogene oder gesellschaftspolitische Ziele.

Auf der Grundlage des Unternehmensleitbildes und der Unternehmensziele wird die Unternehmenspolitik formuliert und umgesetzt. Dazu werden aus langfristigen Unternehmenszielen zu verfolgende Maßnahmen (Strategien) abgeleitet sowie die zu deren Umsetzung erforderlichen Ressourcen festgelegt.

Organisation

Eine weitere wichtige Aufgabe der Unternehmensleitung besteht darin, durch organisatorische Maßnahmen das Unternehmen zu ordnen. Es lassen sich zwei Teilbereiche der Organisation unterscheiden:

▸ die Aufbauorganisation, bei der es um die hierarchische Struktur des Unternehmens geht, und

▸ die Ablauforganisation, bei der die Strukturierung der Leistungserstellungsprozesse in einzelne Arbeitsschritte betrachtet wird.

Aufbauorganisation (Strukturorganisation)

! Im Rahmen der Aufbauorganisation wird das gesamte Unternehmen in Organisationseinheiten gegliedert.

Die kleinste Organisationseinheit trägt die Bezeichnung „Stelle". Einer Stelle sind zu erfüllende Aufgaben zugeordnet, aber auch Kompetenzen (d. h. Rechte und Befugnisse), um diese Aufgaben ausführen zu können. Eine Stelle, der Leitungsbefugnisse zugewiesen werden, bezeichnet man als „Instanz" (Leitungsstelle), die übrigen Stellen heißen „ausführende Stellen". Die Zusammenfassung mehrerer Stellen zur Erfüllung einer betrieblichen Teilaufgabe wird „Abteilung" genannt. Eine Abteilung besteht aus einem Abteilungsleiter als Instanz und mehreren Stellen zur Ausführung der Arbeiten. In vielen Unternehmen bestehen daneben Führungshilfsstellen ohne eigene Entscheidungs- oder Weisungsbefugnis, die als „Stabsstellen" bezeichnet werden. Sie sind einer Instanz zugeordnet und haben die Aufgabe, dieser Instanz zuzuarbeiten (z. B. durch Informationsaufbereitung) und sie damit zu entlasten. Beispiele für Stabsstellen sind der Geschäftsführungsassistent, der Justiziar oder auch eine Gruppe für strategische Planungen.

Die Organisationsstruktur lässt sich in Form eines Organigramms abbilden, bei dem die einzelnen Stellen durch Rechtecke und die Unterstellungsverhältnisse in Form von Linien dargestellt werden. Häufig werden im Organigramm den Stellen auch die Namen der Stelleninhaber zugeordnet. Organigramme finden sich in vereinfachter Form in Geschäftsberichten und Informationsbroschüren vieler Unternehmen und ermöglichen eine rasche Orientierung bezüglich der Organisationsstruktur eines Unternehmens.

Eine weitere Form der Darstellung der aufbauorganisatorischen Struktur eines Unternehmens sind Stellenbeschreibungen, in denen für jede Stelle

▸ die Anforderungen an den Stelleninhaber,

▸ dessen Aufgaben- und Zuständigkeitsbereich sowie

▸ die hierarchischen Verhältnisse (Über- und Unterstel-
  lung)

aufgezeichnet sind. Daraus ergeben sich häufig auch Hinweise auf die Entlohnung des jeweiligen Mitarbeiters.

Ablauforganisation (Prozessorganisation)

Mit den aufbauorganisatorischen Strukturen als vorgege-
benem Rahmen werden durch die Ablauforganisation die
einzelnen im Unternehmen ablaufenden Prozesse unter-
sucht und in Teilschritte zerlegt. Bei der Durchführung sind
folgende Aspekte zu beachten:

▸ **Personaler Aspekt** (Wer?)
  Es ist festzulegen, welche Stelle im Unternehmen eine
  Tätigkeit ausführen soll. Der personale Aspekt betrachtet nicht nur die Mitarbeiter (Personen), sondern auch
  die Arbeitsmittel. Bei der Festlegung sind die zur Ausführung erforderlichen Kenntnisse, das Leistungsvermö-
  gen, die Kapazitäten und die Belastung durch andere
  Tätigkeiten zu berücksichtigen.

▸ **Räumlicher Aspekt** (Wo?)
  An welchem Ort ist es sinnvoll, die Tätigkeit auszu-
  führen? Können durch eine veränderte Anordnung der
  Arbeitsmittel (z. B. Maschinenanordnung, ggf. sogar
  Fließfertigung) oder der Arbeitsplätze Verbesserungen
  erzielt werden? Sind die Produktionsstätten aus ablauf-
  organisatorischer Sicht umzugestalten?

▸ **Zeitlicher Aspekt** (Wann?)
In welcher Reihenfolge und zu welchem Zeitpunkt müssen die Tätigkeiten ausgeführt werden? In welcher Reihenfolge sind die Maschinen zu belegen? Welche Produktionsschritte können vorgezogen oder nachgelagert werden?

▸ **Ressourcen-Aspekt** (Womit?)
Hierzu zählt die Bereitstellungsplanung der benötigten Roh-, Hilfs- und Betriebsstoffe sowie der Zulieferteile.

Ziele der Ablaufplanung sind die Termineinhaltung gegenüber den Kunden, die Minimierung der Durchlaufzeit sowie eine optimale Kapazitätsauslastung. Zumeist widersprechen sich diese Ziele, da bei optimaler Kapazitätsauslastung kein Spielraum im Fall von Engpässen besteht und sich somit z. B. bei Ausfall einer Maschine die Durchlaufzeiten verlängern. Daher wird versucht, nicht eines der Ziele, sondern eine optimale Kombination aus mehreren Zielen zu realisieren.

Mitarbeiterführung

Die Führung der Mitarbeiter beinhaltet das Anleiten und das Anweisen, aber auch die Motivation der Mitarbeiter. Die Motivation kann durch äußere Umstände und Zwänge (extrinsisch) oder durch inneren Antrieb (intrinsisch), z. B. durch Begeisterung für eine Aufgabe, beeinflusst werden. Auch der Führungsstil des Vorgesetzten hat einen starken Einfluss auf die Motivation seiner Mitarbeiter.

Führungsstil

Der Führungsstil von Vorgesetzten kennzeichnet das Verhalten, mit dem sie ihren Mitarbeitern in Entscheidungs-
situationen gegenübertreten. Je nach dem Umfang der
Beteiligung von Mitarbeitern bei Entscheidungsprozessen
lassen sich folgende Führungsstile unterscheiden:

▸ **Autoritärer Führungsstil**
   Der Vorgesetzte trifft die Entscheidungen allein, die Untergebenen haben keine Mitwirkungsmöglichkeiten. Die
   Umsetzung wird angeordnet („befohlen") und nötigen-
   falls zwangsweise durchgesetzt.

▸ **Patriarchalischer Führungsstil**
   Der Vorgesetzte trifft die Entscheidungen zwar allein,
   doch er versucht, seine Untergebenen von der Anordnung zu überzeugen, sodass sie die Entscheidungen ak-
   zeptieren.

▸ **Kooperativer Führungsstil**
   Der Vorgesetzte fordert seine Mitarbeiter auf, Lösungs-
   vorschläge zu unterbreiten, aus denen der Vorgesetzte
   einen ihm geeignet erscheinenden auswählt.

▸ **Partizipativer Führungsstil**
   Die von den Mitarbeitern erarbeiteten Lösungsvorschlä-
   ge werden gemeinsam diskutiert. Die letzte Entscheidung trifft jedoch der Vorgesetzte.

▸ **Demokratischer Führungsstil**
   Die Gruppe entscheidet, der Vorgesetzte beschränkt
   sich auf die Rolle eines Koordinators oder Moderators.

Keiner der aufgeführten Führungsstile kann als ideale Vorgehensweise bezeichnet werden. In Abhängigkeit von dem

zu entscheidenden Sachverhalt sollte ein Führungsstil gewählt werden, der zum Auffinden der optimalen Entscheidung und für ein angenehmes Betriebsklima am besten
geeignet erscheint. Diese Vorgehensweise, bei der eine
Anpassung des Führungsstils an die jeweilige Entschei-
dungssituation erfolgt, wird als „situativer Führungsstil"
bezeichnet.

Managementkonzepte

Managementkonzepte stellen Führungstechniken dar, auf
deren Basis die Führungsverantwortung im Unternehmen
auf nachgeordnete (Führungs-)Ebenen heruntergebrochen
werden soll. Diese Konzeption wird auch als „Manage-
ment-by-Konzepte" bezeichnet. Im Folgenden werden die
drei wichtigsten Ansätze erläutert.

▸ **Management by Exception**
  Den Mitarbeitern werden Ziele und Abweichungskorri-
  dore vorgegeben. Die Mitarbeiter arbeiten selbstständig,
  solange die Grenzwerte nicht überschritten werden; bei
  Überschreitung der Toleranzgrenze oder in Ausnahme-
  fällen greift die nächsthöhere Instanz ein.
  Das Konzept ist dazu geeignet, vorgesetzte Stellen von
  Routinetätigkeiten zu befreien und den Mitarbeitern eigene Handlungsfreiräume zu gebe. Basis des Konzepts
  ist die Überwachung von Soll-Ist-Abweichungen.

▸ **Management by Delegation**
  Zur Entlastung der Vorgesetzten sollen Aufgaben, Kompetenzen und Verantwortung auf diejenige nachgeordnete Unternehmensebene verlagert (delegiert) werden,
  zu der sie aus fachlicher Sicht am besten passen. Die

Mitarbeiter erhalten einen abgegrenzten Zuständigkeits-
und Verantwortungsbereich, wodurch ihre Eigenverant-
wortung und Motivation gestärkt wird. Die Vorgesetzten beschränken sich auf Erfolgskontrollen und die allgemeine Dienstaufsicht.

▸ **Management by Objectives**
Die Führung erfolgt durch gemeinsam erarbeitete Ziel-
vorstellungen und daraus abgeleitete Zielvorgaben. Mit
den Mitarbeitern werden Zielvereinbarungen geschlos-
sen, die regelmäßig zu überprüfen sind und die in die
Leistungsbeurteilung sowie die Entlohnung des Mitarbeiters eingehen. Manche Unternehmen knüpfen die
Zahlung von Leistungsprämien daran, ob die vereinbarten Ziele erreicht werden.

Neben den genannten Konzeptionen finden sich weitere
Ansätze, die zumeist aus der Unternehmensberatungs-
praxis heraus entstanden sind und die die Vorgehensweise
bei bestimmten Teilaspekten beleuchten. Es finden sich
auch Veralberungen, die das Verhalten von Managern,
aber auch eine Überbewertung der Konzepte karikieren
(z. B. Management by Helikopter: Über allen Wolken
schweben, beim Landen viel Staub aufwirbeln und dann
rasch wieder verschwinden).

Corporate Governance

Unter dem englischen Begriff „Corporate Governance", der sich mit „verantwortungsvolle Unternehmensführung" übersetzen lässt, werden Regelungen und Leitlinien verstanden, durch die im Bereich des Managements eine größere Transparenz geschaffen sowie die Überwachung und Kontrolle der Unternehmensführung erleichtert wird. Die Vorgaben sollen das Vertrauen von Anlegern, aber auch von Kunden, Mitarbeitern und der Öffentlichkeit in das Management des Unternehmens und in dessen Überwachungsorgane steigern.

Ausgangspunkt für die Entwicklung solcher Regelungen waren Machtmissbrauch, Skandale und spektakuläre Unternehmenszusammenbrüche in den späten 1990er-Jahren sowie die daraus resultierenden Kursverluste an den Aktienmärkten. Die Leitlinien der Corporate Governance sollen als Richtschnur für eine gute und verantwortungsvolle Führung des Unternehmens dienen.

Sowohl im internationalen wie auch im nationalen Rahmen wurden in den vergangenen Jahren entsprechende Empfehlungen und Richtlinien herausgegeben. In Deutschland hat eine Regierungskommission im Frühjahr 2002 den „Deutschen Corporate Governance Kodex" verabschiedet, der für börsennotierte Unternehmen in Deutschland maßgeblich ist, aber auch den übrigen Unternehmen als Leitlinie empfohlen wird. Im Kodex stehen geltendes Recht (zwingende Vorgaben), Verhaltensempfehlungen (Soll-Bestimmungen) und Anregungen nebeneinander. Eine jährliche Überarbeitung des Kodex soll sicherstellen, dass auf veränderte Rahmenbedingungen zeitnah reagiert wird.

Auf den Punkt gebracht

Das Management hat die Aufgabe, das Unternehmen zielgerichtet zu steuern. Dazu müssen im strategischen Management Ziele und Leitlinien formuliert sowie organisatorische Voraussetzungen geschaffen werden. Zur Führungskultur eines Unternehmens zählt auch die Art und Weise, wie mit Mitarbeitern umgegangen wird. Unregelmäßigkeiten auf höchster Ebene führten in jüngerer Zeit dazu, in Form von Corporate-Governance-Kodices allgemeingültige Verhaltensempfehlungen für das Management zu entwickeln.

Buchführung und Bilanz: das externe Rechnungswesen

Jedes Unternehmen ist gesetzlich verpflichtet, im Rahmen seiner Buchführung alle Geschäftsvorfälle chronologisch, systematisch und lückenlos aufzuzeichnen.

Geschäftsvorfall

Unter „Geschäftsvorfällen" werden alle in Zahlenwerten festgehaltenen, wirtschaftlich bedeutsamen Vorgänge wie Güterbewegungen (Warenverkauf) oder Zahlungsvorgänge verstanden.

Durch die chronologische Aufzeichnung aller Geschäftsvorfälle dokumentiert die Buchführung die Tätigkeit des Unternehmens und stellt eine Rechenschaftslegung gegenüber Anteilseignern, Banken, dem Staat und der interessierten Öffentlichkeit sicher. Daneben hat die Buchführung die Aufgabe, eine periodische Ermittlung des Erfolgs zu ermöglichen.

Das im kaufmännischen Bereich üblicherweise eingesetzte Buchführungssystem ist das der doppelten Buchführung.

In der doppelten Buchführung (Doppik) wird der Periodenerfolg auf zweifache Weise ermittelt: Zum einen durch einen Bestandsvergleich über die Bilanz, zum anderen durch die Gewinn-und-Verlust-Rechnung (GuV). Außerdem wird eine getrennte chronologische und sachliche Erfassung vorgenommen.

Durch die doppelte Verbuchung ist zugleich eine Kontrolle der Richtigkeit der ermittelten Ergebnisse sichergestellt.

In den vergangenen Jahrhunderten entwickelte sich die Buchführung zu einem umfangreichen System mit erheblichen länderspezifischen Besonderheiten. In den Ländern der Europäischen Union wird seit 1968 versucht, die Regelungen durch EU-Richtlinien zu harmonisieren. Auf internationaler Ebene bemüht sich das 1973 gegründete International Accounting Standards Commitee (abgekürzt: IASC) um die Schaffung von weltweit anerkannten Rechnungslegungsvorschriften, die in Form der IAS (International Accounting Standards) bzw. als IFRS (International Financial Reporting Standards) veröffentlicht werden.

In Deutschland finden sich Regelungen zur Buchführung im Handels- und im Steuerrecht. Die gesetzlichen Regelungen werden durch die „Grundsätze ordnungsmäßiger Buchführung" (GoB) ergänzt, die sich an den Gepflogenheiten, die „ordentliche und ehrenwerte Kaufleute" beachten sollen, orientieren und damit einen Rahmen für das externe Rechnungswesen bilden.

Inventur und Inventar

Zur Durchführung einer ordnungsmäßigen Buchführung muss bekannt sein, welche Bestände an Vermögen (z. B. Bargeld, Waren, Maschinen) und Schulden (z. B. offene Rechnungen, Kredite) ein Unternehmen aufweist. Die zu diesem Zweck regelmäßig durchgeführten Bestandsaufnahmen werden als Inventur bezeichnet.

Bei der Inventur wird ein Verzeichnis erstellt, in dem die Vermögensgegenstände und Schulden eines Unternehmens vollständig, detailliert und unter Angabe eines Werts aufgeführt sind. Dieses Verzeichnis trägt die Bezeichnung „Inventar". Das Inventar gliedert sich in die drei Teile:

▸ Vermögensgegenstände,

▸ Schulden und

▸ Reinvermögen.

> Die Inventur ist der Vorgang der Bestandsaufnahme, während das Inventar das Ergebnis einer Inventur in Form einer Auflistung darstellt.

Die Vermögensgegenstände werden im Inventar nach ihrer Liquidierbarkeit (Veräußerbarkeit) in Anlage- und in Umlaufvermögen unterteilt. Schwerer veräußerbar ist das Anlagevermögen eines Unternehmens, das dem Geschäftsbetrieb längere Zeit dienen soll. Es besteht aus Grundstücken, Gebäuden, Maschinen und Geräten sowie aus der Betriebs- und Geschäftsausstattung. Leichter liquidierbar sind die Gegenstände des Umlaufvermögens wie Vorräte, Material, Forderungen gegenüber Kunden, Bankguthaben oder die Barkasse des Unternehmens.

Im zweiten Abschnitt des Inventars sind die Schulden, geordnet nach abnehmender Fälligkeit, aufgeführt. Aus der Differenz zwischen Vermögensgegenständen und Schulden errechnet sich das Reinvermögen des Unternehmens. Das Reinvermögen ist somit der Betrag, um den das Vermögen eines Unternehmens dessen Schulden übersteigt. Es wird auch als Eigenkapital bezeichnet.

Die Erfassung der Wirtschaftsgüter kann durch eine körperliche oder eine buchmäßige Bestandsaufnahme sowie aufgrund von Urkunden erfolgen. Bei der körperlichen Bestandsaufnahme wird die Menge für jede Vermögensgegenstandsart durch Zählen, Messen oder Wiegen ermittelt. Eine buchmäßige Bestandsaufnahme wird über eine Fortschreibung der Bestände auf der Basis von schriftlichen Unterlagen (z. B. bei Forderungen, Bankguthaben oder Verbindlichkeiten) vorgenommen.

Das Inventar muss für einen bestimmten Stichtag aufgestellt werden. Bei den meisten Unternehmen ist das Geschäftsjahr identisch mit dem Kalenderjahr, sodass der Inventarstichtag auf den 31. Dezember fällt.

Bilanz

Eine Bilanz ist eine auf einen bestimmten Stichtag bezogene Gegenüberstellung von Vermögen und Kapital eines Unternehmens.

Die Bilanz wird aus dem Inventar abgeleitet, das ebenfalls eine stichtagsbezogene Aufstellung von Vermögen und Kapital darstellt. Bei der Aufstellung einer Bilanz werden die Inventar-Einzelpositionen aus Gründen der Übersichtlichkeit zu übergeordneten Einheiten zusammengefasst. Im Gegensatz zum Inventar enthält eine Bilanz ausschließlich Wertangaben – auf Mengenangaben und auf eine Auflistung von Einzelpositionen wird verzichtet. Damit wird zugleich auch verhindert, dass die Bilanz externen Lesern einen zu detaillierten Einblick in das Unternehmen gewährt.

Traditionell lässt sich eine Bilanz in Form einer zweispaltigen Tabelle (Kontenform) darstellen. In der linken Spalte der Tabelle werden die als Aktiva bezeichneten Vermögensgegenstände, in der rechten Spalte das als Passiva bezeichnete Eigen- und Fremdkapital des Unternehmens aufgeführt. Daneben enthalten beide Bilanzseiten Korrekturpositionen (Rechnungsabgrenzungsposten), durch die periodenübergreifende Erfolgsvorgänge (z. B. im Voraus gezahlte Miete) periodengerecht zugeordnet werden. In Abbildung 4 sind die Grundpositionen einer verkürzten Bilanz gemäß den Anforderungen des § 266 HGB in Kontenform dargestellt.

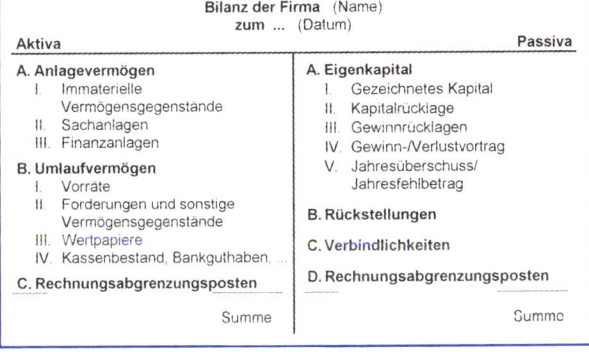

Abbildung 4: Grundaufbau einer Bilanz nach § 266 HGB

Die Aktivseite einer Bilanz zeigt das Vermögen eines Unternehmens und verdeutlicht damit die Verwendung des Kapitals.

Die Aktiva werden durch das gesamte „aktiv" im Unternehmen arbeitende Vermögen gebildet. Wie auch beim Inventar werden die Vermögensgegenstände nach zunehmender Liquidierbarkeit, gegliedert in Anlage- und Umlaufvermögen, aufgeführt.

Die Passivseite dokumentiert die Herkunft des dem Unternehmen zur Verfügung stehenden Kapitals.

Das Kapital setzt sich aus Eigen- und Fremdkapital zusammen. Das Fremdkapital zeigt die Ansprüche der Gläubiger gegen das Unternehmen, also die vorhandenen Schulden. Der durch die Anteilseigner selbst aufgebrachte Anteil des Kapitals wird als „Eigenkapital" bezeichnet.

Das Eigenkapital ist definitionsgemäß die Differenz zwischen Vermögen und Fremdkapital, also der Restbetrag, der übrig bleibt, wenn man von der Summe der Vermögensgegenstände die Schulden des Unternehmens abzieht. Infolge dieser Definition ist das Gleichgewicht zwischen den beiden Seiten der Bilanz immer gegeben: Aktivseite und Passivseite einer Bilanz sind stets gleich „groß" (d. h. sie haben den gleichen Wert); es gilt die Bilanzgleichung: Aktiva = Passiva.

> Eine Bilanz ist definitionsgemäß immer ausgeglichen. Das sagt jedoch nichts über den finanziellen Zustand eines Unternehmens aus. Auch insolvente Unternehmen haben eine ausgeglichene Bilanz!

Bilanz der Müller AG, Erbach
zum 31.12.2007 (Angaben in Tausend €)

Aktiva		Passiva	
Immaterielle Vermögensgegenstände	351	Gezeichnetes Kapital	1.500
Sachanlagen	1.111	Kapitalrücklage	540
Finanzanlagen	500	Gewinnrücklagen	107
		Jahresüberschuss	371
Summe Anlagevermögen	**1.962**	**Summe Eigenkapital**	**2.518**
Vorräte	960	**Rückstellungen**	**799**
Forderungen und sonstige Vermögensgegenstände	933	**Verbindlichkeiten**	**473**
Zahlungsmittel	32	**Rechnungsabgrenzungsposten**	**220**
Summe Umlaufvermögen	**1.925**		
Rechnungsabgrenzungsposten	**123**		
	4.010		**4.010**

Abbildung 5: Beispiel für die Bilanz einer kleinen Aktiengesellschaft

In Abbildung 5 ist die Bilanz einer kleinen Aktiengesellschaft dargestellt. Das Beispiel verdeutlicht die charakteristischen Bilanzpositionen.

Gewinn-und-Verlust-Rechnung (GuV)

Neben dem Aufbau der Bilanz ist im Handelsgesetzbuch (HGB) auch die Gliederung der Gewinn-und-Verlust-Rechnung (kurz: GuV) geregelt.

> **!** In der Gewinn-und-Verlust-Rechnung werden Aufwendungen und Erträge einer Periode gegenübergestellt, um so das Periodenergebnis (Gewinn oder Verlust) des Unternehmens zu ermitteln.

Der Aufbau der GuV hat folgende grundsätzliche Struktur:

   Betriebsertrag (Aufsummierung von Umsatzerlösen und sonstigen betrieblichen Erträgen)

– **Betriebsaufwand** (betriebliche Aufwendungen wie Materialaufwand, Personalaufwand, Abschreibungen)

= **Betriebsergebnis** (aufgrund von Investitionen im Unternehmen erzielt, errechnet sich aus Betriebserträgen und Betriebsaufwendungen)

+ **Finanzergebnis** (aufgrund von Investitionen außerhalb des Unternehmens, z. B. durch Finanzanlagen erzielt)

= **Ergebnis der gewöhnlichen Geschäftstätigkeit**

+ **Außerordentliches Ergebnis** (außerhalb der üblichen Geschäftstätigkeit des Unternehmens erzielt)

– **Steueraufwand**

= **Jahresüberschuss** (oder Jahresfehlbetrag)

Eine wichtige Position der GuV ist das Betriebsergebnis, das eine Gegenüberstellung von betrieblichen Erträgen und betrieblichen Aufwendungen darstellt. Das Betriebsergebnis bildet den betrieblichen Leistungserstellungsprozess ab, betriebsfremde Einflüsse bleiben ausgeklammert.

Zur Ermittlung des Betriebsergebnisses gibt es zwei Verfahren: das Gesamtkosten- und das Umsatzkostenverfahren. Beim Gesamtkostenverfahren gehen die gesamten Aufwendungen, die in einer Periode angefallen sind, in die Betriebsergebnisberechnung ein, ohne Rücksicht darauf, ob die hergestellten Produkte auch verkauft wurden. Eine Synchronisation mit den Umsatzerlösen wird dadurch erreicht, indem Lagerzugänge (Bestandsmehrungen) wie zusätzliche Umsätze behandelt werden. Zugleich werden Lagerabgänge (Bestandsverminderungen) wie Umsatzminderungen behandelt. Beim Umsatzkostenverfahren werden den Umsatzerlösen nur die Aufwendungen gegenübergestellt, die zur Erstellung der verkauften Leistungen entstanden sind.

Konten

Grundsätzlich wäre es denkbar, bei jedem einzelnen Geschäftsvorfall die Bilanz zu verändern, d. h. direkt in die Bilanz zu buchen. Dies wäre aber äußerst umständlich, unübersichtlich und nicht mit den Grundsätzen ordnungsmäßiger Buchführung vereinbar. Deshalb wird die Bilanz in sog. Konten zerlegt, auf denen während eines Geschäftsjahres die Geschäftsvorfälle verbucht werden. Diese aus der Bilanz abgeleiteten Konten bezeichnet man als „Bestandskonten". Daneben werden zur Verbuchung von Aufwendungen (wie Löhne, Gehälter) und Erträgen (wie z. B. Verkaufserlöse) Erfolgskonten gebildet. Konten fördern eine systematische Verbuchung, indem gleichartige Geschäftsvorfälle durch eine Verbuchung auf demselben Konto zusammengeführt werden.

Während des Jahres erfolgt die Verbuchung der einzelnen Geschäftsvorfälle auf den Konten. Zum Bilanzstichtag erfolgt der Abschluss aller Konten. Dazu wird für jedes Konto dessen Endbestand, der sogenannte Saldo, ermittelt. Aus den Endbeständen aller Bestandskonten ergibt sich die neue Bilanz, die Salden der Erfolgskonten gehen in die Gewinn-und-Verlust-Rechnung ein.

Abschreibung

 Abschreibungen bilden den Wertverlust, den z. B. Maschinen durch Abnutzung oder Veralten erleiden, ab.

Durch eine Abschreibung wird der bestehende Wertansatz eines Vermögensgegenstands vermindert. Außerdem wird dadurch die Gewinnentwicklung des Unternehmens verstetigt, da bei Beschaffungen der Aufwand nicht in voller Höhe in die Gewinn-und-Verlust-Rechnung eingeht, sondern eine periodengerechte Verteilung auf die voraussichtliche Nutzungsdauer des beschafften Wirtschaftsguts erfolgt.

Das abnutzbare Sachanlagevermögen wird einer planmäßigen Abschreibung unterzogen, indem die Anschaffungs- oder Herstellungskosten periodengerecht auf die Nutzungsdauer verteilt werden (§ 253 Absatz 2 Satz 1 HGB). Ursachen für diese Wertminderung sind technischer (durch natürlichen Verschleiß wie z. B. Rost oder durch Abnutzung) oder ökonomischer Art (z. B. aufgrund des technischen Fortschritts oder durch Preisverfall).

Die Höhe der Abschreibung für ein Wirtschaftsgut wird durch die aus den Anschaffungs- oder Herstellungskosten ermittelte Abschreibungssumme, die geschätzte Nutzungsdauer und das gewählte Abschreibungsverfahren festgelegt.

In den meisten Fällen wird das Verfahren der linearen Abschreibung eingesetzt, bei dem in jeder Periode der gleiche Betrag a_t abgeschrieben wird. Der Abschreibungsbetrag a_t errechnet sich nach der folgenden Gleichung:

$$a_t = \frac{\textit{Anschaffungswert – Restwert}}{\textit{Voraussichtliche Nutzungsdauer}}$$

Als Restwert wird der voraussichtliche Wert am Ende der geplanten Nutzungsdauer angesetzt.

> ### Ermittlung des jährlichen Abschreibungsbetrags
>
> *Es wird eine Produktionsanlage für 150.000 € beschafft. Die Anlage soll zehn Jahre betrieben werden und am Ende dieses Zeitraums besitzt sie voraussichtlich einen Restwert von 25.000 €. Wie hoch ist bei linearer Abschreibung der jährliche Abschreibungsbetrag?*
>
> *Lösung:* $a_t = \dfrac{(150.000 - 25.000)\ €}{10\ \textit{Jahre}} = 12.500\ €/\textit{Jahr}$

Jahresabschluss und Bilanzierung

Nach § 242 HGB hat ein Kaufmann für den Schluss eines jeden Geschäftsjahres einen Jahresabschluss zu erstellen. Der Jahresabschluss hat die Aufgabe, die Buchführung abzuschließen, zu kontrollieren und zu dokumentieren, Information und Rechenschaftslegung für Unternehmensangehörige, aber auch für außenstehende Dritte (Gesellschafter, Aktionäre, Aufsichtsrat, Abschlussprüfer, die Finanzverwaltung) zu geben, sowie den Erfolg zu ermitteln.

> Der Jahresabschluss besteht nach § 242 HGB aus den beiden Komponenten Bilanz (siehe S. 46 ff.) und Gewinn-und-Verlust-Rechnung (siehe S. 49 ff.). Kapitalgesellschaften haben nach § 264 HGB den Jahresabschluss um einen Anhang zu erweitern und einen Lagebericht zu erstellen.

Durch den Anhang werden die einzelnen Positionen von Bilanz und GuV näher erläutert. Im Lagebericht sollen Geschäftsverlauf, wirtschaftliche Lage, die voraussichtliche Entwicklung sowie die Forschungs- und Entwicklungsaktivitäten des Unternehmens dargestellt werden.

> Die Aufstellung einer Bilanz unter Beachtung der gesetzlichen Bestimmungen zur Bewertung der einzelnen Bilanzpositionen wird als Bilanzierung bezeichnet.

Die meisten für deutsche Unternehmen maßgeblichen Bestimmungen zur Bilanzierung finden sich im Handelsgesetzbuch (§§ 238 ff. HGB). Daneben existieren „Grundsätze ordnungsmäßiger Bilanzierung", die aus den „Grundsätzen ordnungsmäßiger Buchführung" und gesetzlichen Vorschriften abgeleitet sind. Demnach müssen Bilanzen klar und übersichtlich aufgebaut sowie vollständig sein. Vermögensgegenstände dürfen höchstens mit den Anschaffungs- oder Herstellungskosten bewertet werden – eine Berücksichtigung von nachträglichen Wertsteigerungen ist unzulässig. Bei der Bewertung von Gebäuden, Maschinen und Anlagen muss davon ausgegangen werden, dass das Unternehmen fortgeführt (Going Concern) wird. Außerdem sind alle Wertansätze nach dem Vorsichtsprinzip festzulegen: Vermögen und Gewinne sind eher zu niedrig, Schulden eher zu hoch anzusetzen. Durch den Jahresabschluss soll ein „den tatsächlichen Verhältnissen entsprechendes Bild der Vermögens-, Ertrags- und Finanzlage" des Unternehmens vermittelt werden (True and Fair View).

Bei Vermögensgegenständen (Aktiva), die entgeltlich erworben wurden, sind die Anschaffungskosten anzusetzen. Selbst hergestellte Vermögensgegenstände werden zu Herstellungskosten bilanziert, deren Bestandteile sich gemäß § 255 Absatz 2 HGB ergeben. Daneben sind bei der Bilanzierung von Vermögensgegenständen zum einen Abschreibungen (mehr dazu auf S. 52 f.) und zum anderen niedrigere Börsen- oder Marktpreise zu berücksichtigen.

Eine Besonderheit besteht bei rechtlich selbstständigen Unternehmen, die von einem anderen Unternehmen, dem sog. Mutterunternehmen, wirtschaftlich dominiert werden. Diese Unternehmen bilden einen Konzern. Da infolge der wirtschaftlichen Abhängigkeit die Aussagekraft der Einzelabschlüsse der beteiligten Unternehmen sehr begrenzt ist, hat das Mutterunternehmen zusätzlich einen Konzernabschluss aufzustellen.

> Ein Konzernabschluss entspricht dem Jahresabschluss eines fiktiven Großunternehmens, das alle Teilunternehmen (Mutter- und Tochterunternehmen) umfassen würde.

Auf Besonderheiten des Konzernabschlusses wird an dieser Stelle nicht weiter eingegangen (Näheres dazu erfahren Sie bei Schultz, Basiswissen Rechnungswesen, S. 101 ff.)

Zur Erhaltung des Unternehmenskapitals, zur Steigerung der Gewinn- und Dividendenentwicklung, zur Minimierung der Steuerlast, aber auch zur Verbesserung des Ansehens des Unternehmens in der öffentlichen Meinung kann durch die Ausnutzung gesetzlich zulässiger Wahlrechte der Jahresabschluss bewusst gestaltet werden. Diese Gestaltung wird als Bilanzpolitik bezeichnet. Die Gestaltungsmöglichkeiten sind bei Personengesellschaften durch großzügigere Ansatz- und Bewertungsvorschriften umfangreicher als bei Kapitalgesellschaften.

Auf den Punkt gebracht

Jedes Unternehmen ist zu einer ordnungsgemäßen Buchführung und zum Aufstellen eines Jahresabschlusses verpflichtet. Wichtige Bestandteile des Jahresabschlusses sind Bilanz sowie Gewinn-und-Verlust-Rechnung (GuV). Gesetzliche Vorschriften lassen den Unternehmen in diesem Bereich des Rechnungswesens nur geringe Gestaltungsspielräume.

Kalkulation und Erfolgskontrolle: das interne Rechnungswesen

Das im vorangegangenen Kapitel dargestellte externe Rechnungswesen ist vergangenheitsorientiert und an gesetzliche Vorschriften gebunden. Deshalb ist es als Grundlage für den Entscheidungsprozess im Unternehmen nur unzureichend geeignet. In den meisten Unternehmen besteht daher parallel zum externen Rechnungswesen ein internes Rechnungswesen, dessen wichtigster Bestandteil die Kostenrechnung ist.

> Die Kostenrechnung ist nicht gesetzlich reglementiert. Ein Unternehmen kann frei entscheiden, ob und welche Elemente einer Kostenrechnung eingeführt werden sollen.

Die Kostenrechnung erfüllt folgende Aufgaben:

▸ **Planung und Steuerung** (Lenkung)
Sammeln von Informationen für die Unternehmensführung zur Vorbereitung von Entscheidungen (z. B. Grundsatzentscheidungen, Preispolitik)

▸ **Kontrolle**
Ermitteln von Abweichungen durch die Gegenüberstellung von tatsächlich vorliegenden Werten (Istgrößen) und von vorgegebenen Werten (Sollgrößen); anschließende Abweichungsanalyse, um die Abweichungsursachen herauszufinden

▸ **Bereitstellung von Kosteninformationen**
für die Buchführung (z. B. durch die Bewertung von fertigen und unfertigen Beständen)

▸ **Dokumentation**
Ermittlung der angefallenen Kosten und Erlöse; Aufzeigen der nach Produktarten aufgeteilten Entstehung des Erfolgs

Aus den Aufgaben und den auszuführenden Tätigkeiten lassen sich gemäß Abbildung 6 drei Teilgebiete der Kostenrechnung ableiten, die aufeinander aufbauende Stufen eines Systems darstellen.

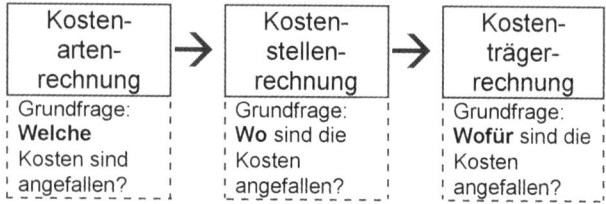

Abbildung 6: Stufen der Kostenrechnung

Die erste Stufe bildet die Kostenartenrechnung (siehe S. 63). Sie dient der Ermittlung, Systematisierung und Erfassung der Kosten und beantwortet damit die Grundfrage: Welche Kosten sind angefallen? Dabei wird auf Werte der Buchführung zurückgegriffen, die durch Sonderrechnungen zu ergänzen oder zu modifizieren sind.

Im zweiten Schritt wird geklärt, wo die Kosten angefallen sind. Im Rahmen der Kostenstellenrechnung (siehe S. 64) erfolgt eine Abgrenzung von Abrechnungsbereichen (Kostenstellen), denen die in der Kostenartenrechnung ermittelten Kosten zugeordnet werden.

Die Frage, wofür die Kosten angefallen sind, beantwortet die Kostenträgerrechnung. Sie kann in die beiden Bestandteile Kostenträgerstückrechnung und Kostenträgerzeitrechnung (kurzfristige Erfolgsrechnung) untergliedert werden. Die Kostenträgerstückrechnung (siehe S. 67) dient der Kalkulation der Produktpreise durch eine Ermittlung der Stückkosten der erzeugten Güter, während bei der kurzfristigen Erfolgsrechnung (siehe S. 71) mit der Ermittlung des Betriebsergebnisses der Erfolg einer Periode bestimmt wird.

Kostenbegriff

In der Kostenrechnung sind Kosten und Erlöse die maßgeblichen Größen. Damit unterscheidet sich die Kostenrechnung von der Buchführung, bei der Aufwendungen und Erträge gegenübergestellt werden. In den meisten Fällen entsprechen sich Aufwand und Kosten. Doch es gibt sowohl Aufwendungen, denen keine Kosten gegenüberstehen, wie auch Kosten, denen keine Aufwendungen entsprechen. Dies liegt daran, dass in der Buchführung Vermögensveränderungen, in der Kostenrechnung jedoch ausschließlich betriebsbedingte (sachzielbezogene) Güterveränderungen betrachtet werden.

Kosten

Kosten sind als bewerteter, sachzielbezogener Güterverzehr einer Periode definiert.

Aufwendungen, die keine Kosten darstellen, werden als neutrale Aufwendungen bezeichnet. Sie haben keinen Kostencharakter, weil sie entweder

▸ keinen Sachzielbezug besitzen (betriebsfremde Aufwendungen, die außerhalb der normalen Geschäftstätigkeit angefallen sind, wie z. B. Spenden an karitative Einrichtungen),

▸ einer anderen Zeitperiode zuzurechnen sind (periodenfremde Aufwendungen) oder

▸ nicht durch den gewöhnlichen Geschäftsbetrieb entstanden sind (sog. außerordentlicher Aufwand, wie z. B. Brandschäden).

Kosten, die keinen Aufwand oder Aufwand in anderer Höhe darstellen, werden als kalkulatorische Kosten bezeichnet. Sie haben die Aufgabe, die Genauigkeit der Kostenrechnung zu erhöhen, indem der tatsächliche Werteverbrauch und aperiodisch auftretende Verluste berücksichtigt werden. Die wichtigsten kalkulatorischen Kostenarten sind

▸ kalkulatorische Abschreibungen,

▸ kalkulatorische Zinsen,

▸ kalkulatorische Mieten und

▸ kalkulatorische Wagniskosten.

Während bei den ersten drei kalkulatorischen Kostenarten die Ansätze der Buchführung modifiziert werden, haben die Wagniskosten die Aufgabe, spezielle Risiken, die nicht über Versicherungen abdeckbar sind, abzubilden. Dazu werden tatsächliche Schadensfälle periodisiert, indem aus den Werten der vergangenen Jahre ein Mittelwert als langfristiger Erfahrungswert errechnet wird.

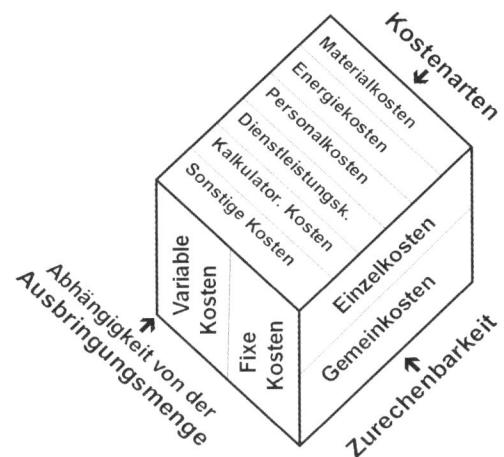

Abbildung 7: Die verschiedenen Perspektiven von Kosten, dargestellt als „Kostenwürfel"

Kosten lassen sich nach verschiedenen Kriterien klassifizieren. Abbildung 7 verdeutlicht diese verschiedenen Perspektiven in Form einer Würfeldarstellung: Der Inhalt des Würfels stellt die Gesamtkosten eines Unternehmens dar, seine Seiten zeigen die unterschiedlichen Perspektiven, aus denen sich die Kosten betrachten lassen. So kann eine Unterscheidung nach der Zurechenbarkeit auf den Kostenträger, nach der Abhängigkeit von der Ausbringungsmenge oder nach der Kostenart erfolgen.

Bezüglich der Zurechenbarkeit lassen sich Einzelkosten und Gemeinkosten unterscheiden. Einzelkosten können direkt

einer Bezugsgröße (z. B. einem erzeugten Produkt) zugerechnet werden. So bilden die Kosten für die Reifen eines
Personenwagens eine Größe, die sich direkt diesem Er-
zeugnis zurechnen lässt. Neben Materialkosten zählen
auch Akkordlöhne zu den Einzelkosten. Kosten, die in
einem Unternehmen anfallen, die aber nicht einem Er-
zeugnis direkt zugerechnet werden können, tragen die
Bezeichnung „Gemeinkosten". Darunter fallen Verwal-
tungskosten, Gehälter, Kosten für Strom, Heizenergie und
Wasser, Telefongebühren oder Betriebsstoffe für Maschinen. Diese Kosten müssen mit einem geeigneten Verfahren
weiterverrechnet werden.

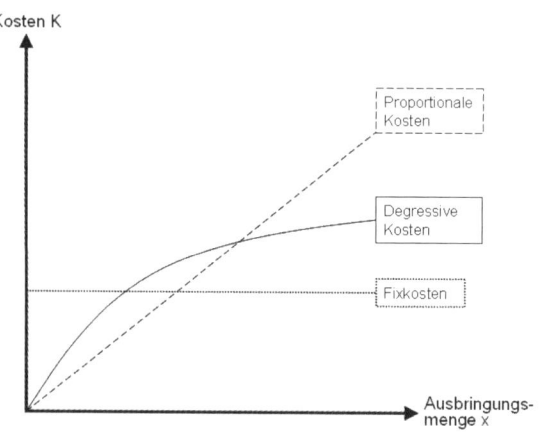

*Abbildung 8: Kostenverhalten in Abhängigkeit von der
Ausbringungsmenge*

Ein anderes Unterscheidungsmerkmal von Kosten ist deren
Abhängigkeit von der Ausbringungsmenge (siehe Abbildung 8). Fixe Kosten sind von der Ausbringungsmenge

unabhängig. Darunter fallen Gehälter, Zeitlöhne, Zinsen oder Versicherungsbeiträge. Variable Kosten ändern sich hingegen in Abhängigkeit von der Ausbringungsmenge. Häufig wird bei den variablen Kosten von einem Kostenverlauf ausgegangen, bei dem die Kosten mit zunehmender Ausbringungsmenge proportional (d. h. gleichmäßig) ansteigen. Dies ist bei Fertigungsmaterial der Fall. Daneben sind auch andere Verläufe denkbar, wie z. B. ein degressiver Verlauf, bei dem sich mit zunehmender Ausbringungsmenge der Kostenanstieg vermindert.

Die dritte Perspektive, die Unterscheidung nach der Kostenart, wird im folgenden Abschnitt erläutert.

Kostenartenrechnung

Die Erfassung und Gliederung (Klassifikation) der Kosten in Kostenarten stellt die Grundaufgabe der Kostenartenrechnung dar. Bei der Erfassung sollten Mengenkomponente (wie viel?) und Wertkomponente (welcher Wert?) stets getrennt betrachtet werden, da dies Analysen und Planungsrechnungen erleichtert.

Nach der Art der verbrauchten Produktionsfaktoren lassen sich folgende Kostenarten unterscheiden:

▸ Materialkosten (Roh-, Hilfs- und Betriebsstoffe, Zukaufteile, Büromaterial)

▸ Energiekosten

▸ Personalkosten (Löhne, Gehälter, Provisionen)

▸ Dienstleistungskosten (Dienstleistungen Dritter, z. B. Transportkosten, externe Beratung)

▸ kalkulatorische Kosten (Abschreibungen, Zinsen, Miete, Wagnisse)

▸ öffentliche Abgaben (Steuern, Gebühren)

Bei Unternehmen, die im Bereich der Fertigung tätig sind (z. B. im Maschinenbau), dominieren die Materialkosten. Der Dienstleistungssektor ist hingegen durch eine Dominanz der Personalkosten (70 % und mehr) gekennzeichnet.

Kostenstellenrechnung

Im Rahmen der Kostenstellenrechnung werden die in der Kostenartenrechnung erfassten Gemeinkosten möglichst verursachungsgerecht auf betriebliche Teilbereiche (sog. Kostenstellen) verteilt. Damit wird sichtbar, wo in einem Unternehmen Kosten angefallen sind.

Kostenstelle

Eine Kostenstelle lässt sich als rechnungstechnisch abgegrenzter betrieblicher Teilbereich definieren, in dem Kosten entstehen und dem Kosten zugerechnet werden können.

Bei der Abgrenzung von Kostenstellen ist darauf zu achten, dass die Kostenstellen die betrieblichen Prozesse möglichst realitätsnah abbilden und organisatorisch selbstständige Einheiten bilden, sodass eine eindeutige Zuordnung zu einem Kostenstellenverantwortlichen möglich ist.

Zur Durchführung der Kostenstellenrechnung wird eine Kostenverrechnungstabelle eingesetzt, die als Betriebsabrechnungsbogen (BAB) bezeichnet wird. Die Spalten des Betriebsabrechnungsbogens bilden die Kostenstellen, während in den Zeilen die angefallenen Kostenarten aufgeführt sind.

Im oberen Bereich des Betriebsabrechnungsbogens werden im Rahmen der Primärkostenumlage die Gemeinkosten mit einem geeigneten Verteilungsschlüssel den Kostenstellen zugeordnet. Im unteren Abschnitt des Betriebsabrechnungsbogens erfolgt die sog. Sekundärkostenumlage.

Primärkostenumlage

Primäre Gemeinkosten stellen Kosten für unternehmensextern bezogene Güter und Leistungen dar. Dies sind Kosten für die Beschaffung von Anlagen und Maschinen, von Material und Zukaufteilen, aber auch Personalkosten.

Im Rahmen der Primärkostenumlage werden diese primären Gemeinkosten den Kostenstellen eines Unternehmens zugeordnet. Teilweise ist diese Zuordnung problemlos möglich, z. B. wenn eine Kostenart nur von einer Kostenstelle verbraucht wird oder der Verbrauch messbar ist. Ist eine derartige Zurechnung nicht möglich, erfolgt die Zuordnung der Kosten über geeignete Verteilungsschlüssel. Dabei muss teilweise auf Abschätzungen über vereinfachende Annahmen (z. B. Abschätzung des Heizenergieverbrauchs über die Raumgröße oder die Anzahl der Heizkörper) zurückgegriffen werden.

Primärkostenumlage

Einem Unternehmen werden für den Bezug von Fernwärme Kosten in Höhe von 18.000 € in Rechnung gestellt. Die Fernwärme wird von den drei Kostenstellen A (nutzt einen umbauten Raum von 5.000 m³), B (10.000 m³) und C (15.000 m³) verbraucht. Die Energiekosten sind auf die drei Kostenstellen zu verteilen, wobei es keine Zähler für die einzelnen Kostenstellen gibt.

Lösung:
Zunächst ist ein geeigneter Verteilungsschlüssel zu wählen. Es bietet sich an, von dem durch die Abteilungen genutzten umbauten Raum auszugehen:

18.000 €/30.000 m³ = 0,60 €/m³

Damit lässt sich folgende Heizkostenzuordnung festlegen:
Heizkosten KSt A: 5.000 m³ × 0,60 €/m³ = 3.000 €
Heizkosten KSt B: 10.000 m³ × 0,60 €/m³ = 6.000 €
Heizkosten KSt C: 15.000 m³ × 0,60 €/m³ = 9.000 €

Sekundärkostenumlage (innerbetriebliche Leistungsverrechnung)

Sekundärkosten sind Gemeinkosten, die durch Leistungsflüsse innerhalb eines Unternehmens entstanden sind. Die Aufgabe der Sekundärkostenumlage ist es, diese Kosten an andere Kostenstellen, die eine innerbetriebliche Leistung in Anspruch genommen haben, weiterzugeben. Zur Durchführung der Sekundärkostenumlage können verschiedene Verfahren eingesetzt werden.

Eines der Verfahren ist das Gutschrift-Lastschrift-Verfahren. Hierbei wird für jede innerbetriebliche Leistung ein Verrechnungspreis festgesetzt, mit dem den leistungsempfangenden Kostenstellen die Kosten in Form einer Lastschrift zugerechnet werden. Die Kostenstelle, die die innerbetriebliche Leistung erbringt, erhält hingegen eine Gutschrift in gleicher Höhe. Diese Vorgehensweise bietet den beteiligten Kostenstellen Planungssicherheit, weil innerbetriebliche Leistungen mit bekannten Preisen abgerechnet werden. Auftretende Ungenauigkeiten werden in Form einer Restumlage ausgeglichen.

Andere Verfahren der innerbetrieblichen Leistungsverrechnung sind das Blockumlageverfahren oder das Treppenverfahren, bei denen die Kosten der leistenden Kostenstellen auf die Empfänger nach dem prozentualen Anteil, den die einzelnen Empfängerkostenstellen von der erbrachten Gesamtleistung in Anspruch nehmen, verteilt werden. Eine ausführlichere Erläuterung dieser Verfahren mit Beispielen finden Sie bei Schultz, Basiswissen Rechnungswesen, S. 144 ff.

Kalkulation (Kostenträgerstückrechnung)

Die Kalkulation oder Kostenträgerstückrechnung hat die Aufgabe, alle im Unternehmen angefallenen Kosten möglichst verursachungsgerecht auf die Kostenträger zu verteilen und anschließend die Kosten je Mengeneinheit (Stückkosten) zu ermitteln.

Kostenträger

Kostenträger sind die für den Absatz bestimmten Leistungen, also die Produkte oder die Dienstleistungen eines Unternehmens.

Die Kosten, die zur Herstellung eines Kostenträgers erforderlich sind, bezeichnet man als „Herstellkosten". Sie setzen sich aus den Material- und den Fertigungskosten zusammen und enthalten sowohl Einzelkosten, die einem Kostenträger direkt zurechenbar sind, als auch anteilige Gemeinkosten. Werden zusätzlich zu den Herstellkosten auch Verwaltungs- und Vertriebskosten mit einbezogen, spricht man von „Selbstkosten". Abbildung 9 zeigt, aus welchen Komponenten sich Selbstkosten errechnen.

Materialkosten	Herstell-kosten	Selbst-kosten
Fertigungskosten		
Verwaltungskosten		
Vertriebskosten		

Abbildung 9: Herstellkosten und Selbstkosten

Die Ergebnisse der Kalkulation bilden die Grundlage für preis- und programmpolitische Entscheidungen des Unternehmens, für die kurzfristige Erfolgsrechnung sowie für weitergehende Analysen im Rahmen des Controllings.

Die wichtigste Aufgabe der Kalkulation ist die Bestimmung der Herstell- und der Selbstkosten der Kostenträger, die die Grundlage zur Festlegung von Produktpreisen bilden.

Zur Durchführung der Kalkulation stehen verschiedene Verfahren zur Verfügung. Die Auswahl eines Verfahrens ist im Wesentlichen von den Produktionsverhältnissen (Organisation des Produktionsprozesses, Produktionsprogramm) abhängig. So benötigen Dienstleistungsunternehmen völlig andere Verfahren als Unternehmen des Kraftfahrzeugbaus. Die wichtigsten Verfahren werden im Folgenden kurz vorgestellt. Eine ausführlichere Erläuterung mit Beispielen und weitere Verfahren finden Sie bei Schultz, Basiswissen Rechnungswesen, S. 154 ff.

Zuschlagskalkulation

Die Zuschlagskalkulation wird in Unternehmen mit Einzel- oder Serienproduktion eingesetzt. Dazu wird für jede Kostenstelle ein Zuschlagssatz gemäß der nachfolgenden Gleichung berechnet:

$$Zuschlagssatz = \frac{\Sigma \ (Gemeinkosten)}{Bezugsbasis}$$

Als Bezugsbasis lassen sich Einzelkosten (Lohneinzelkosten, Materialeinzelkosten), Fertigungszeiten oder Maschinenlaufzeiten verwenden. Mit diesem Zuschlagssatz und der Stück-Bezugsbasis (z. B. Stückeinzelkosten) werden die Stückgemeinkosten errechnet, die für ein Produkt in der zu betrachtenden Kostenstelle anfallen.

Zuschlagskalkulation

In einer Fertigungskostenstelle fallen in einer Periode Gemeinkosten in Höhe von 300.000 € an. Als Fertigungseinzelkosten werden 400.000 € verrechnet. Welcher Gemeinkostenanteil ist einem Produkt P zuzurechnen, für das in dieser Kostenstelle 15,– €/Stück an Fertigungseinzelkosten anfallen?

Lösung:

Zunächst ist der Zuschlagssatz der Kostenstelle zu berechen. Er beträgt 300.000/400.000 = 0,75 = 75 %. Damit lassen sich über die Stück-Einzelkosten die zuzurechnenden Stückgemeinkosten des Produkts P bestimmen:

Stückgemeinkosten P = 15 €/Stück × 75 % = 11,25 €/Stück

Maschinenstundensatzkalkulation

Die Maschinenstundensatzkalkulation stellt eine Variante der Zuschlagskalkulation dar. Für jede Maschine wird ein Maschinenstundensatz ermittelt, der die Kosten pro Maschinenlaufstunde widerspiegelt. In den Maschinenstundensatz gehen sämtliche maschinenabhängigen Gemeinkosten wie Abschreibung, Energiekosten (Strom), Raumbedarf oder Instandhaltung ein.

Maschinenstundensatzkalkulation

In der Kostenstelle „Dreherei" fallen in einer Periode Gemeinkosten in Höhe von 120.000 € an. Davon können einer Drehmaschine maschinenabhängige Gemeinkosten in Höhe von 30.000 € zugerechnet werden. Die Drehmaschine läuft in einer Periode 1.500 Stunden. Wie lautet der Maschinenstundensatz und welche Kosten hat ein Produkt R zu tragen, das 30 Minuten auf der Drehmaschine bearbeitet wird?

Lösung:

Maschinenstundensatz: 30.000 €/1.500 h = 20 €/h

Kostenanteil Produkt R: 20 €/h × 0,5 h = 10 €

Divisionskalkulation

Die Divisionskalkulation wird eingesetzt, wenn ein einheitliches Produkt in großer Stückzahl, meist in Massenfertigung, hergestellt wird. Dabei werden die gesamten Kosten durch die erstellten Leistungen dividiert. Es gilt also:

$$\text{Stück-Selbstkosten} = \frac{\text{Gesamte Kosten}}{\text{Produktionsmenge}}$$

Die Divisionskalkulation kann für eine Produktionsstufe (einstufige Divisionskalkulation), aber auch für mehrere hintereinandergeschaltete Produktionsstufen (mehrstufige Divisionskalkulation) angewandt werden.

Einstufige Divisionskalkulation

In einem kleinen Kraftwerk fallen in einer Periode Gesamtkosten in Höhe von 280.000 € an. In dieser Zeit werden 3.500.000 kWh Energie erzeugt. Wie hoch sind die Selbstkosten pro Kilowattstunde (kWh)?

Lösung: *280.000 €/3,5 Mio. kWh = 0,08 €/kWh*

Kurzfristige Erfolgsrechnung

Die kurzfristige Erfolgsrechnung hat die Aufgabe, durch die Gegenüberstellung von Kosten und Erlösen das Betriebsergebnis einer Periode zu ermitteln.

Das Betriebsergebnis bildet die „ordentliche" Tätigkeit eines Unternehmens ab, also all das, was zum Unternehmenszweck gehört. Außerordentliche Einflüsse bleiben ebenso ausgeklammert wie unternehmens- oder periodenfremde Ereignisse.

Die kurzfristige Erfolgsrechnung dient der laufenden Überwachung der Wirtschaftlichkeit eines Unternehmens. Es müssen kurze Abrechnungszeiträume gewählt werden, damit auf negative Einflüsse rasch reagiert werden kann. In den meisten Unternehmen wird das Betriebsergebnis monatlich ermittelt.

Zur Durchführung der kurzfristigen Erfolgsrechnung stehen zwei Verfahren zur Verfügung: das Gesamtkostenverfahren und das Umsatzkostenverfahren. Die beiden Verfahren unterscheiden sich bezüglich der Gliederungssystematik, der Behandlung von Lagerbestandsveränderungen bei unfertigen und fertigen Erzeugnissen sowie der Aktivierung von Eigenleistungen wie z. B. selbsterstellte Werkzeuge und Anlagen.

Bezüglich des Informationsgehalts weist das Umsatzkostenverfahren eindeutige Vorteile gegenüber dem Gesamtkostenverfahren auf. Durch die Gliederung nach Kostenträgern (Produkten, Erzeugnissen) wird deutlich, welchen Einfluss ein einzelnes Produkt auf das Betriebsergebnis hat. Zur Beurteilung von einzelnen Produkten und des Produktprogramms, zur Vorbereitung von Marketingmaßnahmen und für die langfristige Unternehmensplanung sind derartige Informationen unabdingbar.

Die beiden Verfahren werden auch im Rahmen der Gewinn-und-Verlust-Rechnung eingesetzt (ausführliche Darstellung ab S. 49). Dabei bestehen im formalen Aufbau und bei der prinzipiellen Vorgehensweise keine Unterschiede zwischen Buchführung und Kostenrechnung. Es ergeben sich jedoch unterschiedliche Ergebnisse, da bei der Gewinn-und-Verlust-Rechnung Aufwendungen und Erträge, bei der kurzfristigen Erfolgsrechnung Kosten und Erlöse gegenübergestellt werden (zur Abgrenzung von Aufwand und Kosten siehe „Kostenbegriff" ab S. 59). In der kurzfristigen Erfolgsrechnung bleiben unternehmens- oder periodenfremde sowie außerordentliche Einflüsse ausgeklammert, zudem fließen kalkulatorische Kostenarten ein.

Da die kurzfristige Erfolgsrechnung als Bestandteil des internen Rechnungswesens unabhängig von handels- und steuerrechtlichen Bestimmungen ist, gewährt sie im Vergleich zur Gewinn-und-Verlust-Rechnung einen realistischeren Einblick in die Erfolgssituation des Unternehmens.

Deckungsbeitragsrechnung

Die Deckungsbeitragsrechnung ist eine auf dem Teilkostenansatz basierende Erfolgsrechnung. Während bei einer Vollkostenrechnung alle Kosten weiterverrechnet werden, konzentriert man sich bei der Teilkostenrechnung nur auf die entscheidungsrelevanten Kosten, die direkt auf den Kostenträger verrechnet werden. Als entscheidungsrelevant gelten die variablen Kosten, da deren Höhe unmittelbar von der Ausbringungsmenge abhängig ist. Als nicht entscheidungsrelevant werden die fixen (d. h. unveränderlichen) Kostenbestandteile klassifiziert. Die fixen Kosten werden aber nicht vernachlässigt, sondern erst in einer späteren Phase berücksichtigt.

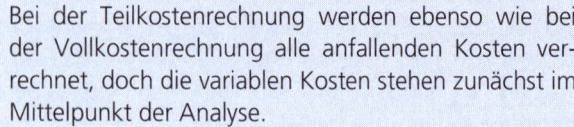

Bei der Teilkostenrechnung werden ebenso wie bei der Vollkostenrechnung alle anfallenden Kosten verrechnet, doch die variablen Kosten stehen zunächst im Mittelpunkt der Analyse.

Dies geschieht im Rahmen der Deckungsbeitragsrechnung dadurch, dass die Kosten in fixe und variable Bestandteile untergliedert werden und anschließend für jede Produktart ein Deckungsbeitrag ermittelt wird.

Deckungsbeitrag

Der Deckungsbeitrag stellt den Anteil dar, den die jeweilige Produktart zur Deckung der bestehenden Fixkosten leisten kann.

Es gilt: Deckungsbeitrag = Erlöse – variable Kosten

Bei der einstufigen Deckungsbeitragsrechnung werden die Deckungsbeiträge für jede Produktart ermittelt und zu einem Gesamtdeckungsbeitrag zusammengefasst. Anschließend werden von diesem Betrag die Fixkosten ohne weitere Aufteilung in einem Betrag abgezogen, um das Betriebsergebnis der Periode zu ermitteln.

Eine derartige Zurechnung der Fixkosten in einem Block ist sehr ungenau und wenig verursachungsgerecht. Zur Behebung dieses Mangels wurde die mehrstufige Deckungsbeitragsrechnung entwickelt, bei der die Fixkosten differenziert zugerechnet werden. Dazu wird der Fixkostenblock in mehrere Fixkostenstufen (z. B. Produkte, Produktgruppen, Unternehmensbereiche) untergliedert. Auf jeder Fixkostenstufe wird ein eigener Stufendeckungsbeitrag ermittelt und anschließend die zugehörigen Stufenfixkosten hinzugerechnet. Als letzten Schritt erhält man das Betriebsergebnis des Unternehmens.

Plankostenrechnung

Die bisherigen Ausführungen zur Kostenrechnung basieren auf Istkosten, also auf tatsächlich angefallenen Kosten. Daher wird dieser Bereich der Kostenrechnung auch unter dem Begriff „Istkostenrechnung" zusammengefasst. Die Istkostenrechnung hat eine lange Tradition und ist in den Unternehmen weit verbreitet. Ein wesentlicher Nachteil ist jedoch deren Vergangenheitsorientierung und die sich daraus ergebenden Grenzen bei einem Einsatz der Ergebnisse im Rahmen der Unternehmensplanung.

Plankosten errechnen sich aus dem Planwert (wie teuer?) und der Planmenge (wie viel?). Der Planwert leitet sich aus einer Prognose für die Preise der eingesetzten Güter (Material, Arbeitskraft, Maschinen) ab. Die Planmenge an Einsatzgütern, die zur Herstellung eines Produkts oder einer Leistung erforderlich ist, wird über technische Berechnungen oder Verbrauchsstudien auf analytischem Wege bestimmt.

Im Rahmen der Plankostenrechnung wird für jede Kostenstelle eine sog. Sollkostenfunktion aufgestellt, mit deren Hilfe sich die geplanten Kosten, die in einer Periode anfallen dürfen, für eine beliebige Ausbringungsmenge berechnen lassen. Die Gleichung lautet:

$$K_{SOLL} = K_{FIX} + k_{VAR} \cdot x$$

In dieser Gleichung bilden K_{FIX} die fixen Kosten, k_{VAR} die variablen Stückkosten und x die Ausbringungsmenge.

> ### Höhe der Sollkosten
>
> *In einer Kostenstelle betragen die variablen Stückkosten 6 €/Stück und die Fixkosten 50.000 €/Monat. Wie hoch sind die Sollkosten, wenn 4.000 Stück/Monat gefertigt werden?*
>
> **Lösung:**
> K_{SOLL} = 50.000 € + 6 €/Stück · 4.000 Stück = 74.000 €

Plankosten haben einen Vorgabecharakter und erfüllen damit eine Lenkungsfunktion. Zugleich ermöglichen sie eine wirksame Kontrolle durch Soll-Ist-Vergleiche. Dazu werden die ursprünglich geplanten Größen (Planmenge, Planpreis, Plankosten) den tatsächlich eingetretenen Größen (Istmenge, Istpreis, Istkosten) gegenübergestellt. Daneben können Plankosten für Wirtschaftlichkeitsanalysen, Produktkalkulationen und für unternehmerische Entscheidungen eingesetzt werden.

Ein spezieller Anwendungsfall der Plankostenrechnung ist die Break-Even-Analyse, die im Folgenden erläutert wird.

Break-Even-Analyse

Die Break-Even-Analyse stellt eine besondere Form der Erfolgsplanung dar. Sie hat die Aufgabe, diejenige Ausbringungsmenge zu ermitteln, ab der mit einem Produkt ein Gewinn erwirtschaftet wird. Dieser Punkt wird als Gewinnschwelle oder als Break-Even-Punkt bezeichnet.

Am Break-Even-Punkt entsprechen die Kosten für die Herstellung eines Produkts genau den erzielbaren Erlösen.

Die Break-Even-Analyse wird produktweise durchgeführt. Dazu müssen die Kosten in fixe und variable Bestandteile aufgeteilt sein. Für ein Produkt ist der Break-Even-Punkt erreicht, wenn die Erlöse genau den angefallenen Kosten entsprechen. Es gilt:

$$Produkterlös = Produktkosten$$

Grafisch lässt sich dieser Sachverhalt als Schnittpunkt der Erlösgeraden und der Kostenfunktion darstellen. Abb. 10 zeigt die Break-Even-Analyse in Diagrammdarstellung.

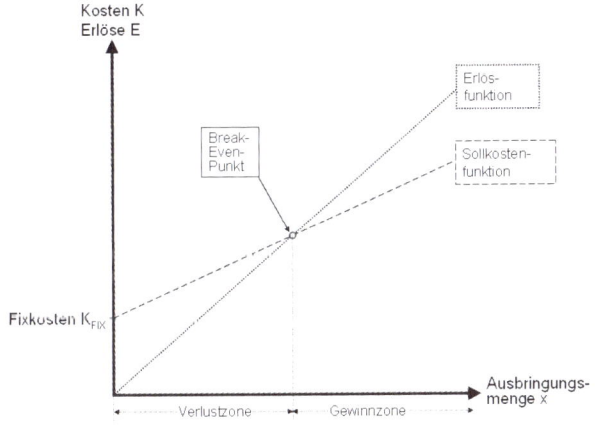

Abbildung 10: Break-Even-Analyse

Die Produktionsmenge, ab der mit einem Produkt ein Gewinn erwirtschaftet wird („Break-Even-Menge"), errechnet sich nach der folgenden Gleichung:

$$Break\text{-}Even\text{-}Menge = \frac{Fixkosten}{St\ddot{u}ckpreis - variable\ St\ddot{u}ckkosten}$$

Die Break-Even-Analyse kann als Instrument zur Planung und zur Gewinnprognose, aber auch zur Kontrolle und zur Beurteilung von einzelnen Produkten dienen.

Break-Even-Analyse

Für die Eberstädter Schuhwerke liegen folgende Plandaten für das nächste Quartal vor: Fixkosten 45.000 €, variable Selbstkosten k_{VAR} 35 €/Paar, Netto-Verkaufspreis p 50 €/Paar. Ab welcher Absatzmenge wird ein Gewinn erzielt?

Lösung:

$$x = \frac{45.000\ \text{€}}{50\ \text{€/Paar} - 35\ \text{€/Paar}} = 3.000\ Paare$$

Wie hoch ist der Gewinn, wenn 5.000 Paare produziert und verkauft werden?

Lösung:

$$
\begin{aligned}
Gewinn &= Erl\ddot{o}s - K_{SOLL}\\
&= (p \cdot x) - (K_{FIX} + k_{VAR} \cdot x)\\
&= (50 \cdot 5.000 - 45.000 - 35 \cdot 5.000)\ \text{€}\\
&= 30.000\ \text{€}
\end{aligned}
$$

Controlling

Der Begriff „Controlling" stammt aus dem angelsächsischen Sprachraum und hat in Deutschland nach dem Zweiten Weltkrieg Verbreitung gefunden.

> „Controlling" lässt sich als ein System definieren, das die Unternehmensführung mit den erforderlichen Instrumenten und Informationen versorgt, damit diese
>
> ▸ das laufende Geschäft überwachen und steuern,
>
> ▸ Handlungsalternativen vergleichen und
>
> ▸ Entscheidungen fundiert treffen kann.

Durch das Controlling werden zur Unterstützung der Unternehmensleitung Planungs-, Kontroll- und Informationsversorgungsaufgaben wahrgenommen.

Im Bereich der Planung hat das Controlling

▸ Planungsverfahren zu entwickeln und bereitzuhalten,

▸ Unternehmensziele zu operationalisieren (d. h. in umsetzbare Größen umzuwandeln),

▸ die Planung in Zusammenarbeit mit anderen Bereichen des Unternehmens durchzuführen,

▸ Entscheidungsalternativen aufzuzeigen und

▸ den gesamten Planungsprozess zu koordinieren.

Die Kontrolle baut auf der Planung auf. Im Rahmen der Kontrolle wird überwacht, ob die aufgestellten Pläne und Vorgaben eingehalten werden. Dazu ist ein Kontrollinstrumentarium aufzubauen und zu pflegen. Durch die Kontrolle sollen nicht nur Abweichungen, sondern auch deren Ursachen aufgezeigt werden.

Üblicherweise werden Kontrollen während oder nach der Durchführung eines Vorgangs (Planrealisierung, Produktion) durch Soll-Ist-Vergleiche vorgenommen. Ergänzend dazu kann versucht werden, bereits vor der Realisierungsphase drohende Fehlentwicklungen zu erkennen und der Unternehmensleitung mitzuteilen.

Das Controlling kann in einen

▸ strategischen und einen

▸ operativen

Bereich unterteilt werden. Im Rahmen des strategischen Controllings erfolgt die Vorbereitung von langfristigen, grundlegenden Entscheidungen, wodurch die Existenz des Unternehmens dauerhaft gesichert werden soll. Neben Informationen aus dem eigenen Unternehmen sind in größerem Umfang Informationen aus der Umwelt des Unternehmens zu berücksichtigen. Diese Informationen dienen der Prognose künftiger Entwicklungen sowie dem frühzeitigen Erkennen von Chancen und Risiken durch Veränderungen in der Unternehmensumwelt (Politik, Absatzmärkte).

Das operative Controlling beschäftigt sich mit dem Alltagsgeschäft und hat eine kurzfristige Ausrichtung. Es werden Detailprobleme (z. B. einzelne Produkte oder Prozesse) und kurzfristige Aspekte betrachtet. Die verarbeiteten Informationen stammen überwiegend aus dem Unternehmen selbst. Das operative Controlling soll die Wirtschaftlichkeit der ablaufenden Prozesse und die Rentabilität des Unternehmens sicherstellen. Durch die Umwandlung der Unternehmensziele in Planvorgaben (z. B. in Form von Budgets) soll den Kostenstellenleitern, aber auch jedem Mitarbeiter die Kontrolle seiner Arbeitsergebnisse ermöglicht werden.

Bei den meisten Unternehmen liegt der Aufgabenschwerpunkt des Controllings im operativen Bereich. Das strategische Controlling hat vor allem bei größeren Unternehmen in den vergangenen Jahren an Bedeutung gewonnen.

Zur Erfüllung der Aufgaben des Controllings steht eine Vielzahl von Verfahren und Techniken zur Verfügung (vgl. dazu Schultz, Basiswissen Rechnungswesen, S. 219 ff.), die zum Teil aus anderen Bereichen der Betriebswirtschaftslehre übernommen wurden.

Auf den Punkt gebracht

Das interne Rechnungswesen kann von den Unternehmen frei gestaltet werden. Es hat sich als sinnvoll erwiesen, Systeme einzuführen, die in die Bereiche Kostenarten-, Kostenstellen- und Kostenträgerrechnung untergliedert sind. Weiterführende Kostenrechnungssysteme betrachten nicht nur die tatsächlichen Kosten (Istkosten), sondern arbeiten auch mit Planwerten. Die Zusammenführung der verschiedensten Informationen obliegt dem Controlling, das das Management mit den entscheidungsrelevanten Informationen versorgt.

Investition

Wege der Kapitalbeschaffung

Die Prozesse eines Unternehmens können nur ablaufen, wenn in ausreichendem Maße finanzielle Mittel zur Verfügung stehen und die Zahlungsfähigkeit des Unternehmens ständig gewährleistet ist.

> Die Beschaffung finanzieller Mittel (von sog. Kapital) wird in der Betriebswirtschaftslehre als „Finanzierung" bezeichnet. Die Verwendung des bereitgestellten Kapitals stellt eine Investition dar.

Die Finanzierung besitzt folgende Zielsetzungen:

▸ **Versorgung des Unternehmens mit Kapital**
Das für Investitionen benötigte Kapital muss bereitgestellt werden und auch die Durchführung des laufenden Umsatzprozesses muss sichergestellt sein. Ferner muss das Unternehmen eine ausreichende (Eigen-)Kapitaldecke besitzen, um Verluste und außergewöhnliche Ereignisse abfangen zu können.

▸ **Aufrechterhaltung der Liquidität**
Das Unternehmen muss jederzeit in der Lage sein, seinen Zahlungsverpflichtungen nachzukommen.

▸ **Rentabilität des vorhandenen Kapitals**
Das Kapital soll gewinnbringend eingesetzt werden. Unter Beachtung der liquiditätspolitischen Vorgaben ist eine größtmögliche Rentabilität anzustreben.

▶ **Bewahrung der Eigenständigkeit**
  Die Unabhängigkeit des Unternehmens soll gewahrt
  bleiben. Dazu muss Kapital vorhanden sein, um eine
  schleichende Unterwanderung von außen, Abhängigkei-
  ten oder eine „feindliche Übernahme" des Unternehmens abwehren zu können.

Zur Beschaffung von finanziellen Mitteln können verschiedene Wege beschritten werden: Bei der Außenfinanzierung
erfolgt ein Kapitalzufluss von außerhalb des Unternehmens
stehenden Personen oder Unternehmen. Bei der Innenfinanzierung erwirtschaftet das Unternehmen das benötigte Kapital selbst aus seinem Umsatzprozess.

Außenfinanzierung (externe Finanzierung)

 Bei der Außenfinanzierung wird dem Unternehmen
zusätzliches Kapital „von außen" zugeführt.

Wird das Kapital in Form von zusätzlichem Eigenkapital
durch alte oder neue Anteilseigner aufgebracht, liegt eine
Beteiligungsfinanzierung vor. Müssen hingegen Kredite
oder Darlehen aufgenommen werden, spricht man von
einer Kreditfinanzierung.

Beteiligungsfinanzierung

Bei der Beteiligungsfinanzierung, die auch als Einlagen-
finanzierung bezeichnet wird, wird den Unternehmen

zusätzliches Eigenkapital durch bisherige oder neue Anteilseigner zur Verfügung gestellt.

Durch die Bereitstellung des zusätzlichen Eigenkapitals entstehen dem Unternehmen keine laufenden Belastungen wie z. B. Zinszahlungen. Zudem ist ein hoher Eigenkapitalanteil ein positives Kriterium im Rahmen der Kreditwürdigkeitsprüfung der Banken. Somit ist es für Unternehmen sehr günstig, sich auf diese Weise zu finanzieren. In welcher Weise die Anteilseigner zusätzliches Kapital zur Verfügung stellen können, hängt von der Rechtsform des Unternehmens (siehe Ausführungen ab S. 21) ab.

Bei einem Einzelunternehmen kann dem Unternehmen nur zusätzliches Eigenkapital zugeführt werden, wenn der Einzelunternehmer seine Privateinlagen erhöht. Ähnlich ist es auch bei Personengesellschaften (OHG, KG): Das zusätzliche Eigenkapital wird durch die Gesellschafter des Unternehmens aufgebracht. Hierbei ist es grundsätzlich möglich, dass neue Gesellschafter zu den bisherigen Anteilseignern hinzutreten und eine Kapitaleinlage tätigen. Die Rechtsform einer Kommanditgesellschaft (KG) bietet die Möglichkeit, Gesellschafter in Form von Kommanditisten aufzunehmen, deren Haftungsrisiko auf das von ihnen zur Verfügung gestellte Eigenkapital begrenzt ist.

Bei einer Gesellschaft mit beschränkter Haftung (GmbH) kann Eigenkapital durch Einlagen der bestehenden oder durch die Aufnahme von zusätzlichen Gesellschaftern zugeführt werden.

Wesentlich einfacher ist eine Beteiligungsfinanzierung für Aktiengesellschaften, die dazu über die Börsen auf die Kapitalmärkte zugreifen können. Das Eigenkapital wird durch die Ausgabe zusätzlicher Aktien erhöht. Eine Aktie stellt einen standardisierten, handelbaren Unternehmensanteil dar, der über die Börse an einen anderen Interessenten verkauft werden kann. Allerdings besteht kein Rückzahlungsanspruch gegen die Aktiengesellschaft. Daher steht dem Unternehmen nach der Ausgabe (Emission) der Aktien der Gegenwert dauerhaft zur Verfügung.

Kreditfinanzierung

Bei der Kredit- oder Fremdfinanzierung wird dem Unternehmen Fremdkapital zugeführt. Für die Überlassung dieses Kapitals hat das Unternehmen Zinsen zu zahlen. Je nach Dauer der Kapitalüberlassung können kurz-, mittel- und langfristige Kreditfinanzierungen unterschieden werden, wobei die Grenze zwischen diesen Bereichen fließend ist. Es ist üblich, Kredite mit einer Laufzeit von bis zu einem Jahr dem kurzfristigen und Kredite mit einer Laufzeit ab vier Jahren dem langfristigen Bereich zuzuordnen.

Kurzfristig überlassenes Fremdkapital sind Lieferanten-, Kunden- und kurzfristige Bankkredite. Diese Kredite besitzen eine Laufzeit von wenigen Tagen bis zu einigen Monaten.

Ein Lieferantenkredit entsteht, wenn ein Lieferant nicht auf sofortiger Zahlung besteht, sondern für die Zahlung eine Frist (d. h. ein Zahlungsziel) gesetzt hat. Üblich sind Fristen von 20 oder 30 Tagen.

Bei einem Kundenkredit erhält das Unternehmen einen zinslosen Kredit von seinen Kunden, indem diese bei einer Bestellung eine Anzahlung leisten oder während der Herstellung des Produkts Abschläge zahlen. Diese Vorgehensweise ist vor allem im Maschinen- und Anlagenbau und bei Unternehmen mit Einzelfertigung üblich.

Banken und andere Kreditinstitute stellen kurzfristige Kredite in verschiedener Weise zur Verfügung. Den meisten Lesern wird von ihrem eigenen Girokonto der Überziehungskredit bekannt sein. Bei dieser im Geschäftsleben als „Kontokorrentkredit" bezeichneten Finanzierungsform räumt das Kreditinstitut dem Unternehmen das Recht ein, sein Konto um einen vom Kreditinstitut festgesetzten Höchstbetrag zu überziehen. Der Zinssatz für Kontokorrentkredite ist abhängig vom allgemeinen Zinsniveau und liegt deutlich über dem Zinssatz, der für reguläre Kredite zu zahlen ist.

Die Zinsbelastung durch die bislang dargestellten Möglichkeiten einer kurzfristigen Kreditfinanzierung ist recht hoch. Bei einem dauerhaften Außenfinanzierungsbedarf sollte ein Unternehmen versuchen, das notwendige Kapital in zinsgünstigere langfristige Kredite oder Darlehen umzuschulden. Ein Darlehen ist eine Form des Kredits, die in den §§ 488 ff. BGB geregelt ist. Zumeist wird eine feste Laufzeit (z. B. vier Jahre) vereinbart, wobei die Tilgung des Darlehens in regelmäßigen Zahlungen oder in einer Summe am Laufzeitende erfolgen kann.

Innenfinanzierung (interne Finanzierung)

Bei der Innenfinanzierung stammt das zusätzliche Kapital aus dem Umsatzprozess des eigenen Unternehmens, ist also vom Unternehmen selbst erwirtschaftet.

Selbstfinanzierung

Bei der Selbstfinanzierung entsteht ein Finanzierungseffekt, indem Gewinne des Unternehmens nicht ausgeschüttet, sondern einbehalten werden. Dies kann auf drei Wegen geschehen:

▸ **Offene Selbstfinanzierung**
Der Gewinn wird offen ausgewiesen, verbleibt aber vollständig oder teilweise im Unternehmen.

▸ **Stille Selbstfinanzierung**
Der ausgewiesene Gewinn ist durch die Bildung von stillen Rücklagen gemindert. Stille Rücklagen werden teilweise bewusst durch die Unterbewertung von Vermögensgegenständen oder die Überbewertung von Schulden, teilweise aber auch unbewusst (Schätzfehler, Preisschwankungen) gebildet.

▸ **Temporäre Selbstfinanzierung**
In dem Zeitraum zwischen Gewinnentstehung und -ausschüttung steht der Gewinn dem Unternehmen noch zur Verfügung und kann im Rahmen der Selbstfinanzierung genutzt werden.

Für Unternehmen aller Art stellt die Selbstfinanzierung eine ideale Finanzierungsform dar. Das Kapital steht sofort ohne eine aufwendige Beantragung zur Verfügung, es entstehen keine zukünftigen Belastungen (wie z. B. Zinsen) und es müssen keine sonstigen Verpflichtungen eingegangen werden. Zudem wird die Eigenkapitalbasis des Unternehmens gestärkt; dies wirkt sich wiederum positiv auf dessen Kreditwürdigkeit aus. Allerdings ist die Selbstfinanzierung nur anwendbar, wenn ein ausreichender Gewinn zur Verfügung steht und die Anteilseigner auf dessen Ausschüttung verzichten.

Finanzierung aus Abschreibungsgegenwerten

Durch Abschreibungen (siehe S. 52 f.) wird der Kaufpreis eines Investitionsgutes periodengerecht auf dessen voraussichtliche Nutzungsdauer verteilt. Die jährlichen Abschreibungsteilbeträge mindern den Gewinn, sodass nach Ablauf der Nutzungsdauer ein Betrag in Höhe des ursprünglichen Maschinenkaufpreises für einen Neukauf (Ersatzinvestition) zur Verfügung steht. Aus diesen Abschreibungsgegenwerten resultiert ein Kapitalfreisetzungseffekt, wenn die durch die Abschreibungen „vorgemerkten" Mittel zeitweilig für andere Finanzierungszwecke eingesetzt werden.

Finanzierung aus Rückstellungsgegenwerten

Rückstellungen werden für einen künftigen Aufwand des Unternehmens gebildet, bei dem die genaue Höhe oder der Fälligkeitstermin unbekannt sind. Eine Rückstellung mindert den Gewinn. Der entsprechende Gegenwert kann nicht ausgeschüttet werden, sondern verbleibt im Unternehmen. Er kann, solange er nicht anderweitig in Anspruch genommen wird, zur Finanzierung des Unternehmens eingesetzt werden. Es ergibt sich ein ähnlicher Finanzierungseffekt wie beim Kapitalfreisetzungseffekt bei Abschreibungen.

Besonders deutlich tritt der Effekt bei langfristigen Rückstellungen, insbesondere bei Pensionsrückstellungen, auf. Gibt ein Unternehmen seinen Mitarbeitern eine Zusage für eine betriebliche Alterszusatzversorgung (Betriebsrente), muss das Unternehmen ab dem Zeitpunkt der jeweiligen Zusage Pensionsrückstellungen bilden. Die Inanspruchnahme erfolgt jedoch erst, wenn der Mitarbeiter in Ruhestand geht oder auf andere Weise einen Anspruch auf Auszahlung erhält. In der Zwischenzeit (die oft Jahrzehnte betragen kann!) lassen sich die Rückstellungsgegenwerte zur Finanzierung einsetzen.

Finanzierung durch Vermögensumschichtungen

Kapital lässt sich auch durch den Verkauf von nicht betriebsnotwendigen Vermögensteilen gewinnen. Dazu zählen nicht benötigte Grundstücke, Gebäude, Anlagen oder Maschinen, aber auch Wertpapiere, Patente und Lizenzen. Durch Umstrukturierungsmaßnahmen oder eine Veränderung des Produktionsprogramms können diese Vermögensgegenstände überflüssig werden, sodass eine Veräußerung sinnvoll erscheint. Insbesondere bei einer angespannten Liquiditätslage sehen sich Unternehmen häufig zum Verkauf von Vermögensteilen genötigt.

Auch Rationalisierungsmaßnahmen lassen bislang notwendige Vermögensteile überflüssig werden. Neben dem Verkauf einzelner Vermögensteile kann ein Finanzierungseffekt durch die Reduzierung der Lagerbestände (Vorräte), den Abbau des Forderungsbestands durch konsequentes Eintreiben von offenen Forderungen oder durch eine Verkürzung von Zahlungsfristen und das Streichen von „Ladenhütern" aus dem Sortiment erreicht werden.

Investitionsrechnung

Durch eine Investition wird ein Unternehmen mit Vermögensgegenständen ausgestattet. Finanzielle Basis für Investitionen stellen die durch Finanzierungsvorgänge bereitgestellten Mittel dar.

Im weiteren Sinne können Investitionen alle Bereiche des Unternehmensvermögens betreffen und teilweise sogar darüber hinausgehen, wenn beispielsweise von einer Investition in das „Humanvermögen" (Human Capital) eines Unternehmens gesprochen wird. Im engeren Sinne beschränkt sich der Investitionsbegriff auf die Beschaffung von Anlagevermögen eines Unternehmens. Den folgenden Ausführungen liegt dieser enge Investitionsbegriff zugrunde.

Zur Abgrenzung von Investitionsarten lassen sich verschiedene Kriterien heranziehen. Nach dem Investitionsobjekt werden (entsprechend der Gliederung einer Bilanz) die Bereiche „Sachanlagen" und „Finanzanlagen" unterschieden: Eine Investition im Bereich des Sachanlagevermögens wird auch als „Realinvestition" bezeichnet, während der Erwerb einer Finanzanlage eine Finanzinvestition darstellt. Bezüglich des Investitionsanlasses (Investitionsmotiv) lassen sich z. B. Gründungs-, Ersatz-, Rationalisierungs-, Verbesserungs- oder Erweiterungsinvestitionen unterscheiden.

Investitionsentscheidungen haben für ein Unternehmen langfristige Auswirkungen; durch Investitionen wird nicht nur Kapital für längere Zeit gebunden, es ergeben sich auch Folgekosten und Einschränkungen für andere Bereiche des Unternehmens. Zudem hängt der künftige Erfolg eines Unternehmens unmittelbar mit dessen Investitionspolitik zusammen. Um Investitionsentscheidungen fundiert treffen zu können, werden die Verfahren der Investitionsrechnung eingesetzt.

> **!** Investitionsrechnungen werden durchgeführt, um die Vorteilhaftigkeit und Wirtschaftlichkeit von einzelnen Investitionsalternativen zu überprüfen. Als Maßstab dient die durch eine Investition erzielbare Kapitalverzinsung.

Dazu werden die Einnahmen, die durch das Investitionsobjekt erzielt werden können, den Investitionsausgaben gegenübergestellt. Es lassen sich statische und dynamische Verfahren der Investitionsrechnung unterscheiden.

Statische Investitionsrechnungsverfahren

Bei den statischen Investitionsrechnungsverfahren wird davon ausgegangen, dass jede Periode mit Durchschnittswerten für die Ein- und Auszahlungen, die sich aus der Investition ergeben, zu belasten ist. Der zeitliche Aspekt, den Ein- und Auszahlungen zur Finanzierung einer Investition besitzen, bleibt unberücksichtigt. Man unterscheidet

▸ Kostenvergleichsrechnung,

▸ Gewinnvergleichsrechnung und

▸ Amortisationsrechnung.

Bei der Kostenvergleichsrechnung werden ausschließlich die Kosten der Investitionsalternativen verglichen. Andere Einflussgrößen, wie z. B. die erzielbaren Erlöse, bleiben unberücksichtigt. Am günstigsten wird diejenige Alternative beurteilt, bei der die Kosten am geringsten sind.

Die Gewinnvergleichsrechnung erweitert die Kostenvergleichsrechnung, indem Erlöse in die Analyse einbezogen werden. Somit lassen sich auch Investitionsalternativen, bei denen unterschiedliche Stückerlöse erzielbar sind, miteinander vergleichen. Dies kann der Fall sein, wenn Produkte, die mit der einen Investitionsvariante produziert wurden, eine wesentlich bessere Qualität haben und dadurch zu einem höheren Preis verkauft werden können. Sind die erzielbaren Stückerlöse jedoch bei allen Investitionsalternativen identisch, ergeben sich bei der Gewinnvergleichsrechnung die gleichen Ergebnisse wie bei der Kostenvergleichsrechnung.

Die für den Vergleich relevante Größe ist der durch die Investition erzielbare Periodengewinn, der sich gemäß der Gleichung

$$Gewinn = Erlöse - Kosten$$

errechnet. Diejenige Investitionsalternative, die den höchsten erzielbaren Gewinn verspricht, wird als günstigste Variante ausgewählt.

Ein Problem ergibt sich, wenn die einzelnen Investitionsalternativen unterschiedliche Laufzeiten haben. Dann wird das Kapital nicht nur in einer unterschiedlichen Höhe, sondern auch für eine unterschiedliche Dauer gebunden. Um zu vergleichbaren Ergebnissen zu kommen, sind Gesamt-Gewinnvergleichsrechnungen zu erstellen, bei denen auch die Kosten und Erlöse des Differenzbetrags, der sogenannten Differenzinvestition, berücksichtigt werden.

Bei der Amortisationsrechnung wird die Zeitdauer ermittelt, die zur Wiedergewinnung des Investitionsbetrags durch aus der Investition erzielte Einnahmeüberschüsse erforderlich ist. Dieser Zeitraum wird als Amortisationszeit oder als Wiedergewinnungszeit bezeichnet. Je kürzer die Amortisationszeit, desto günstiger ist eine Investitionsalternative zu beurteilen.

Die statischen Investitionsrechnungsverfahren haben einen einfachen Aufbau, sind leicht nachvollziehbar und gehen von wenigen Eingangsgrößen aus. Daher werden sie in der Unternehmenspraxis gern eingesetzt. Allerdings haben alle statischen Verfahren den grundlegenden Mangel, dass ein maßgeblicher Aspekt, nämlich der zeitliche Verlauf von Auszahlungen und Einzahlungen, unberücksichtigt bleibt.

Dynamische Investitionsrechnungsverfahren

Die dynamischen Verfahren der Investitionsrechnung berücksichtigen den zeitlichen Verlauf von Zahlungsströmen, die in Zusammenhang mit einer Investition stehen. Dazu werden für die voraussichtlichen Einzahlungen und Auszahlungen Zahlungsreihen gebildet und abgezinst. Die Berechnung der Abzinsung erfolgt unter Hinzuziehung der Zinseszinsrechnung. Bei der Abzinsung (Diskontierung) wird für eine künftige Zahlung der sog. Barwert errechnet.

Bei der dynamischen Investitionsrechnung wird für jede Periode, in der das Investitionsvorhaben voraussichtlich genutzt wird, der entsprechende Barwert der abgeschätzten Ein- und Auszahlungen bestimmt. Neben laufenden Aus- und Einzahlungen sind auch die Anschaffungsausgaben und der bei Verkauf der Anlage erzielbare Liquidationserlös zu berücksichtigen. Als Verfahren werden im Folgenden

▸ die Kapitalwertmethode und

▸ die interne Zinssatzmethode

vorgestellt.

Bei der Kapitalwertmethode wird der Kapitalwert der Investitionsalternativen bestimmt und verglichen. Der Kapitalwert stellt die Differenz aller abgezinsten Ein- und Auszahlungen eines Investitionsprojekts dar. Er drückt die durch die Investition ausgelöste Vermehrung (oder Verminderung) des Geldvermögens unter Berücksichtigung einer festgelegten Verzinsung aus. Maßgeblichen Einfluss auf das Ergebnis hat der angenommene Kalkulationszinssatz. Er stellt die gewünschte Mindestverzinsung des bei der Investition eingesetzten Kapitals dar.

Ergibt die Berechnung einen Kapitalwert von null, wird exakt die festgesetzte Mindestverzinsung erreicht. Wenn der Kapitalwert positiv ist, sind die abgezinsten Einzahlungen größer als die abgezinsten Auszahlungen. Das bedeutet, dass diese Investition für das Unternehmen vorteilhaft ist; die effektive Verzinsung des eingesetzten Kapitals liegt dann über der geforderten Mindestverzinsung. Beim Vergleich mehrerer Alternativen ist diejenige am günstigsten, die den größten positiven Kapitalwert besitzt.

Investitionsvorhaben mit einem negativen Kapitalwert müssen aber nicht unrentabel sein. Ein negativer Kapitalwert sagt lediglich aus, dass der vorgegebene Zinssatz nicht erreicht wurde. Wird ein zu hoher Zinssatz festgesetzt, können dadurch Investitionsalternativen als unrentabel ausgesondert werden, in denen Zukunftspotenzial steckt.

Die interne Zinssatzmethode stellt eine Abwandlung der Kapitalwertmethode dar. Hier wird der Zinssatz ermittelt, bei dem sich ein Kapitalwert von genau null ergibt. Als Ergebnis erhält man die effektive Verzinsung der Investition, also den Zinssatz, mit dem das in einem Investitionsprojekt gebundene Kapital verzinst wird.

Die Verfahren der dynamischen Investitionsrechnung haben einen stärkeren Realitätsbezug als die statischen Verfahren, da der Zeitpunkt der Entstehung einer Ein- oder Auszahlung berücksichtigt wird. Dazu ist es allerdings erforderlich, Ein- und Auszahlungsreihen zu kennen oder abzuschätzen. Diese Schätzungen sind nicht immer präzise und bergen die Gefahr, dass Ungenauigkeiten in die Rechnung einfließen, die den Entscheidern ggf. nicht bewusst sind.

Insgesamt stellen die Investitionsrechnungsverfahren eine Entscheidungshilfe dar; ihre Ergebnisse dürfen aber nicht überbewertet werden, da in die Ergebnisse ausschließlich monetäre Ziele einfließen. Daneben sind auch qualitative Kriterien in die Entscheidung einzubeziehen, die sich nicht in Zahlen ausdrücken lassen.

Auf den Punkt gebracht

Die Finanzwirtschaft übernimmt die Versorgung des Unternehmens mit Kapital und gewährleistet, dass die Liquidität des Unternehmens sichergestellt ist und die Mittel zugleich rentabel angelegt sind. Durch Investitionsrechnungsverfahren lassen sich verschiedene Anlagealternativen miteinander vergleichen.

Aufgaben der Personalwirtschaft

Betriebswirtschaftlich gesehen bildet die menschliche Arbeitsleistung ebenso einen Produktionsfaktor wie Betriebsmittel und Werkstoffe (vgl. S. 18 f.). Schnell wird jedoch deutlich, dass zwischen Menschen und Maschinen erhebliche Unterschiede bestehen: Ein Mensch als Lebewesen und Individuum hat einen eigenen Willen, stellt Anforderungen und hat Bedürfnisse. Er stellt nicht seine gesamte Leistungsfähigkeit in den Dienst des Unternehmens und er kann eigenständig entscheiden, ob er für das Unternehmen tätig sein möchte oder ob er seine Mitarbeit durch Kündigung beendet. Diese Eigenschaften des „Produktionsfaktors Mensch" bedingen, dass neben betriebswirtschaftlichen Aspekten auch andere Disziplinen (wie z. B. Soziologie und Psychologie) einbezogen werden müssen.

Im betriebswirtschaftlichen Sprachgebrauch werden in Unternehmen tätige Menschen als „Personal" bezeichnet.

Der Bereich der Personalwirtschaft ist dafür verantwortlich, dass das für die betrieblichen Aufgaben benötigte Personal mit der erforderlichen Qualifikation und Leistungsfähigkeit zur Verfügung steht. Ferner zählen die verwaltungsmäßige Betreuung, die Entlohnung, aber auch die Personalentwicklung zum Aufgabenbereich der Personalwirtschaft. In Unternehmen sind diese Aufgabenfelder zumeist in der Personalabteilung angesiedelt.

Personalbereitstellung

Die Personalbereitstellung gilt als Kernaufgabe der Personalwirtschaft. Sie gliedert sich in mehrere Phasen: Zunächst
muss der Personalbedarf ermittelt werden; anschließend
erfolgt die Personalbeschaffung (Ausschreibung, Auswahl,
u. a.). Nach der Einstellung ist der neue Mitarbeiter einzu-
arbeiten und in das Unternehmen zu integrieren.

Im Rahmen der Personalbedarfsermittlung werden die per-
sonellen Kapazitäten, die zur Durchführung der betrieblichen Aufgaben erforderlich sind, bestimmt. In die Ermittlung des Personalbedarfs gehen laufende Tätigkeiten, aber
auch zukünftige Aufgabenfelder, die sich aus den Anforderungen und Planungen der verschiedenen betrieblichen
Funktionsbereiche ergeben, ein. Einfluss auf den Personalbedarf haben unter anderem

▸ Kapazitätsveränderungen im Produktions- oder Absatzbereich (z. B. Produktionssteigerungen),

▸ technologische Neuerungen oder

▸ die Altersstruktur der Belegschaft des Unternehmens.

Die Personalbeschaffung hat die Aufgabe, freie Stellen
befristet oder unbefristet zu besetzen. Der Bedarf an Ar-
beitskräften lässt sich entweder durch Neueinstellungen
(externe Personalbeschaffung) oder durch interne Maßnahmen befriedigen. Die Palette der internen Maßnahmen
reicht von der Anordnung von Mehrarbeit (in Form von
Überstunden) über eine Umorganisation der Arbeitsabläufe
bis hin zur Versetzung von Mitarbeitern.

Bei der externen Personalbeschaffung werden Bewerber über den freien Arbeitsmarkt gewonnen. Dies erfolgt durch Sichtung von unaufgefordert eingehenden Bewerbungen (sog. Blindbewerbungen) oder durch gezielte Werbemaßnahmen, mit denen geeignete Bewerber auf das Unternehmen aufmerksam gemacht werden sollen. Dazu können Anzeigen in Zeitungen und Fachzeitschriften geschaltet oder es kann auf den Stellenservice der Bundesagentur für Arbeit zurückgegriffen werden.

Liegen Bewerbungen vor, ist der am besten geeignete Kandidat auszuwählen. Dazu wird eine Eignungsanalyse durchgeführt, bei der die Leistungsfähigkeit, der Leistungswille sowie das Entwicklungspotenzial des Bewerbers ermittelt werden sollen. Dies kann in Form von Vorstellungsgesprächen, aber auch durch spezielle Eignungstests erfolgen.

Nach der Auswahlentscheidung, die in kleineren Unternehmen direkt die Unternehmensleitung, in größeren Unternehmen die Fachabteilung in Absprache mit der Personalabteilung trifft, erfolgt die Einstellung und schließlich die Einarbeitungsphase.

Vergütungssysteme

Für ihre Mitarbeit im Unternehmen erhalten die Arbeitnehmer das Arbeitsentgelt. Historisch bedingt unterscheidet man Löhne, die an gewerbliche Arbeitnehmer (Arbeiter) und Gehälter, die an Angestellte gezahlt werden. Heute wird die Bezeichnung „Lohn" mit dem Begriff „Arbeitsentgelt" gleichgesetzt; auch der Steuergesetzgeber unter-

scheidet nicht zwischen Löhnen und Gehältern und spricht
von „Lohnsteuer". Daher wird diese Unterscheidung auch
im Folgenden nicht weiter angewandt.

Nach der Vorgehensweise, wie das Arbeitsentgelt ermittelt
wird, lassen sich die folgenden Lohnformen unterscheiden:

▸ **Zeitlohn**
Die Lohnzahlung ist an die Arbeitszeit des Arbeitnehmers gekoppelt (Stundenlohn). Dieser erhält sein Entgelt
für seine Anwesenheit, wobei eine Normalleistung er-
wartet wird. Diese Lohnform wird dann angewandt,
wenn eine Leistungserfassung oder eine ausbringungs-
abhängige Entlohnung nicht möglich ist – z. B. bei Ver-
waltungstätigkeiten, bei kreativen oder bei gefahrge-
neigten Arbeiten. Aber auch bei Fließbandarbeit erfolgt
eine Zeitentlohnung, da der Mitarbeiter durch die feste
Taktung des Bandes seine Leistung nicht selbst beeinflussen kann.

▸ **Stücklohn** (Akkordlohn)
Die Entlohnung erfolgt proportional zur Leistung und ist
somit unabhängig von der Arbeitszeit. Beispielsweise
wird die Leistung eines Facharbeiters anhand der fertig-
gestellten Werkstücke gemessen und entlohnt, indem
für jedes Werkstück (in Abhängigkeit von Unfang und
Komplexität der Arbeitsgänge) ein Geldsatz (Geld-
akkord) oder eine Vorgabezeit (Zeitakkord) festgesetzt
wird. Die Festsetzung orientiert sich an der durchschnitt-
lichen Leistung, der sog. Normalleistung. Arbeitet ein
Mitarbeiter schneller als diese Vorgabe, steigert er dadurch seinen Lohn.
Reine Akkordlöhne sind selten: Der Lohn von Arbeit-
nehmern, die im Akkord arbeiten, setzt sich im Regelfall

aus einem leistungsunabhängigen Grundlohn und einer leistungsabhängigen Komponente zusammen, sodass dem Arbeitnehmer ein Mindestlohn sicher ist.

▸ **Prämienlohn**
Für eine Mehrleistung oder bei Erfüllung von vereinbarten Zielvorgaben erhält der Mitarbeiter zusätzlich zum normalen Lohn eine Prämie. Prämien werden in Form von Mengen-, Ersparnis- oder Qualitätsprämien gewährt.

Die Mindesthöhe des Bruttoarbeitsentgelts legen zwischen den Tarifvertragsparteien (Arbeitgeber, Gewerkschaften) ausgehandelte Tarifverträge fest, wobei durch Betriebsvereinbarungen und individuell ausgehandelte Verträge höhere Entgelte festgelegt werden können. Vom Bruttoarbeitsentgelt wird dem Arbeitnehmer nur ein Teilbetrag, das Nettoarbeitsentgelt, ausgezahlt, während das Unternehmen neben dem Bruttoarbeitsentgelt auch noch die Personalzusatzkosten tragen muss.

Zu den Personalzusatzkosten (Lohnnebenkosten) eines Unternehmens zählen u. a.

▸ der Arbeitgeberanteil zur Sozialversicherung,

▸ bezahlte Ausfallzeiten (Feiertage, Urlaub, Krankheitstage),

▸ die betriebliche Altersversorgung oder

▸ besondere Einrichtungen (werksärztlicher Dienst, Werksbücherei, Unterhalt von Sportanlagen).

Personalbeurteilung

Die Beurteilung des Personals geschieht zu verschiedenen Anlässen. Vor allem größere Unternehmen besitzen Verfahrensrichtlinien hinsichtlich der regelmäßigen Beurteilung der Mitarbeiter durch die jeweiligen Vorgesetzten. Im Vorfeld von Beförderungen, aber auch bei unternehmensinternen Stellenwechseln oder beim Ausscheiden eines Mitarbeiters werden Beurteilungen vorgenommen. Eine besondere Form einer Beurteilung ist das Arbeitszeugnis, wobei sich einfache und qualifizierte Arbeitszeugnisse unterscheiden lassen.

Bei kurzzeitigen Beschäftigungsverhältnissen oder auf besonderen Wunsch des Arbeitnehmers wird ein einfaches Arbeitszeugnis angefertigt, das neben Personalangaben (Name, Geburtsdatum) eine Angabe über die Dauer der Beschäftigung und eine Auflistung der ausgeführten Tätigkeiten enthält.

Den Regelfall bildet jedoch das qualifizierte Zeugnis, das zusätzlich auch eine Beurteilung des Verhaltens gegenüber Vorgesetzen, Kollegen, Mitarbeitern und Kunden sowie der Leistungen des Mitarbeiters enthalten muss. Das Zeugnis muss der Wahrheit entsprechen, aber wohlwollend abgefasst sein. Es kann bei Widerspruch des Mitarbeiters vom zuständigen Arbeitsgericht überprüft werden. Daher hat sich eine spezielle Zeugnissprache herausgebildet, die negative Eigenschaften eines Mitarbeiters in freundliche Formulierungen verpackt. In Abbildung 11 sind gängige Formulierungen zur Leistungsbeurteilung in Arbeitszeugnissen zusammengestellt.

Note	Leistungsbeurteilung Mitarbeiter X ...
1 (sehr gut)	... hat die übertragenen Aufgaben **stets zu unserer vollsten Zufriedenheit** erfüllt.
2 (gut)	... hat die übertragenen Aufgaben **stets zu unserer vollen Zufriedenheit** erfüllt.
3 (befriedigend)	... hat die übertragenen Aufgaben **zu unserer vollen Zufriedenheit** erfüllt (oder auch: „... **stets zu unserer Zufriedenheit** erfüllt").
4 (ausreichend)	... hat die übertragenen Aufgaben **zu unserer Zufriedenheit** erfüllt.
5 (mangelhaft)	... hat die übertragenen Aufgaben **im Großen und Ganzen zu unserer Zufriedenheit** erfüllt.
6 (ungenügend)	... **bemühte sich**, die übertragenen Aufgaben zufriedenstellend zu erfüllen.

Abbildung 11: Gängige Formulierungen in Arbeitszeugnissen

Negative Aspekte werden in Arbeitszeugnissen durch Nichterwähnen oder das ausführliche Darstellen von unbedeutenden Details ausgedrückt. Da jedoch nicht alle Unternehmen die Terminologie einheitlich anwenden, kann es zu Fehldeutungen kommen. Insbesondere in kleineren Unternehmen kann versehentlich eine falsche Formulierung gewählt werden: Da kann es gegebenenfalls positiv gemeint sein, wenn sich ein Mitarbeiter „bemüht" (ansonsten: Note sechs) oder „zur Steigerung des Betriebsklimas beigetragen" hat (ansonsten: Trunkenbold).

Beendigung von Arbeitsverhältnissen

Ein Arbeitsverhältnis endet durch Fristablauf (bei befristeten Arbeitsverhältnissen), durch Kündigung, durch Eintritt in den Ruhestand oder durch sonstige Anlässe (wie den Tod des Arbeitnehmers). Ein Arbeitsverhältnis kann sowohl durch den Arbeitgeber als auch durch den Arbeitnehmer gekündigt werden. Es lassen sich zwei Formen der Kündigung unterscheiden:

▸ **Ordentliche Kündigung**
Bei der ordentlichen Kündigung wird die vertragliche, tarifvertragliche oder gesetzliche Kündigungsfrist eingehalten. Die gesetzliche Kündigungsfrist kommt zur Anwendung, wenn im Arbeitsvertrag oder in geltenden Tarifverträgen keine längere Frist vereinbart ist. Sie beträgt nach § 622 BGB vier Wochen zum 15. eines Monats oder zum Monatsende, wobei sich die Frist bei längerer Betriebszugehörigkeit verlängert.

▸ **Außerordentliche (fristlose) Kündigung**
Die außerordentliche Kündigung erfolgt fristlos, d. h. ohne Einhaltung einer Kündigungsfrist. Sie kann ausgesprochen werden, wenn ein wichtiger Grund vorliegt, sodass eine Weiterbeschäftigung für den kündigenden Vertragspartner nicht zumutbar ist. Vonseiten des Arbeitgebers rechtfertigen Diebstahl, Unterschlagung, wiederholte Arbeitsverweigerung oder der Verstoß gegen Geheimhaltungspflichten eine fristlose Kündigung, wobei immer der Einzelfall abzuwägen ist. Gründe für eine fristlose Kündigung durch den Arbeitnehmer können gegen ihn gerichtete Tätlichkeiten oder wiederholt unpünktliche Lohnzahlungen sein.

Kündigungen durch den Arbeitgeber können in der Person des Arbeitnehmers (z. B. krankheitsbedingt), in dessen Verhalten (z. B. Beleidigung von Kollegen, schlechte Arbeitsqualität) oder betriebsbedingt (z. B. Umsatzrückgang) begründet sein. Bei personen- und verhaltensbedingten Kündigungen muss dem Mitarbeiter vor der Kündigung eine Abmahnung erteilt werden. Im Abmahnungsschreiben wird das Fehlverhalten präzise geschildert und angedroht, dass es im Wiederholungsfall zu einer Kündigung kommen wird.

Auf den Punkt gebracht

Die Personalwirtschaft hat die Aufgabe, das im Unternehmen benötigte Personal bereitzustellen, dessen Vergütung sicherzustellen und die Mitarbeiter des Unternehmens administrativ zu betreuen.

Werben und Verkaufen: der Siegeszug des Marketings

Die letzte Phase des betrieblichen Leistungserstellungsprozesses ist die Verwertung der erstellten Leistungen, indem Produkte oder Dienstleistungen auf den (Absatz-)Märkten angeboten und schließlich verkauft werden. Von betriebswirtschaftlicher Seite werden diese Aktivitäten durch die Absatzwirtschaft oder das Marketing unterstützt. Dabei geht der Marketingbegriff weit über den Absatzbereich hinaus. Er kennzeichnet eine „spezielle Denkhaltung", die als Unternehmensphilosophie eine Richtschnur für die Unternehmensleitung darstellt.

Diese Denkhaltung entstand aufgrund der sich verändernden Absatzmärkte des 20. Jahrhunderts. Zunächst herrschten Verkäufermärkte vor, bei denen die Nachfrage größer als das Angebot war. Zunehmende Bevölkerungszahlen und steigende Einkommen führten dazu, dass alle angebotenen Produkte einen Abnehmer fanden und die Unternehmen keine Absatzprobleme mehr hatten. Engpassfaktoren bildeten in dieser Zeit die Rohstoffbeschaffung und die Produktionskapazitäten, sodass durch die BWL hauptsächlich material- und produktionswirtschaftliche Probleme zu lösen waren.

In den USA wandelte sich diese Marktsituation bereits in den 1920er-Jahren grundlegend. In Europa trat dieser Wandel erst in der zweiten Hälfte des 20. Jahrhunderts ein, als der durch den Zweiten Weltkrieg entstandene Nachholbedarf gesättigt war. Aus den Verkäufermärkten wurden nun Käufermärkte, bei denen das Angebot größer als die

Nachfrage ist. Gesättigte Märkte, steigende Produktions-
zahlen infolge besserer Produktionsanlagen, eine sinkende
Kaufkraft durch zunehmende Arbeitslosigkeit und eine
große Konkurrenz führten dazu, dass viele Unternehmen
sich verstärkt dem Engpassfaktor Absatz zuwandten. An
die Stelle der Produktionsorientierung trat die Markt-
orientierung der Unternehmen, die sich im Marketing-
Gedanken widerspiegelt.

> Aufgabe des Marketings ist es, die Kundenorientie-
> rung des Unternehmens sicherzustellen. Dazu erfolgt
> unter Einsatz des absatzwirtschaftlichen Instrumenta-
> riums eine vollständige Ausrichtung aller Unterneh-
> mensaktivitäten auf die Anforderungen des Marktes.

Es ist üblich, das absatzwirtschaftliche Instrumentarium in
die vier Teilbereiche

▸ Produktpolitik,

▸ Kontrahierungspolitik,

▸ Distributionspolitik und

▸ Kommunikationspolitik

einzuteilen. In der angelsächsischen Literatur werden den
Bereichen die Bezeichnungen „Product", „Price", „Place"
und „Promotion" zugeordnet, sodass einprägsam von den
„vier Ps" des Marketings gesprochen wird. Die vier Bereiche stehen nicht isoliert nebeneinander. Sie müssen aufeinander abgestimmt und zur Steigerung des Unterneh-
menserfolgs koordiniert werden. Dies geschieht im Rahmen des sogenannten Marketing-Mix.

Durch den Marketing-Mix wird sichergestellt, dass ein aufeinander abgestimmter Einsatz (eine Mixtur) der verschiedenen absatzwirtschaftlichen Instrumente erfolgt.

Produktpolitik

Aus absatzwirtschaftlicher Sicht ist ein Produkt eine Leistung, die ein Unternehmen auf dem Absatzmarkt anbietet. Dies können selbst erzeugte Güter, Dienstleistungen oder zugekaufte (Handels-)Waren sein. Das gesamte Sortiment, das ein Unternehmen auf dem Absatzmarkt anbietet, ist das Produktprogramm.

Im Rahmen der Produktpolitik werden die Produkte und das Produktprogramm eines Unternehmens aktiv gestaltet.

Durch Maßnahmen der Produktgestaltung können unmittelbar die Eigenschaften des Produkts (der sog. Produktkern) verändert werden, sodass sich der Grundnutzen, den ein Käufer mit dem Produkt verbindet, erhöht. Dies geschieht durch eine Verbesserung

▸ der Funktionalität (Gebrauchstüchtigkeit),

▸ der Produktqualität (Materialqualität, Verarbeitung, Komfort, Wertbeständigkeit) und

▸ des Produktdesigns.

Eine andere Möglichkeit besteht in der Verbesserung des Zusatznutzens, indem das eigentliche Produkt in seiner Funktionalität und seinen Eigenschaften unverändert bleibt, jedoch das Produktumfeld (Produkt im weiteren Sinne wie Verpackung, Produktmarke und Kundenservice) verändert wird.

Die Entwicklung und die Pflege von Markenartikeln ist eine wichtige Aufgabe der Produktpolitik. Markenartikel besitzen eine eindeutige Kennzeichnung (Markierung) durch einen speziellen Namen (Produkt- oder Firmennamen), eine spezielle Aufmachung (Design oder Verpackungsgestaltung), ein spezielles Symbol (Logo wie z. B. das Lacoste-Krokodil) oder ein Gütesiegel (z. B. VDE-Prüfzeichen, Umweltengel). Eine hohe, gleichbleibende Qualität und ein hoher Bekanntheitsgrad ermöglichen es dem Produzenten, einen vergleichsweise hohen Preis anzusetzen.

Ein Unternehmen hat verschiedene Möglichkeiten, um das vorhandene Produktprogramm zu gestalten und damit für künftige Anforderungen des Marktes vorzubereiten. Im Einzelnen bestehen folgende Handlungsalternativen:

▸ **Produktbeibehaltung**
  Ein Produkt wird unverändert beibehalten, weil eine Änderung nicht erforderlich erscheint. Diese Strategie wird vor allem bei erfolgreichen Markenprodukten angewandt (z. B. Nivea-Creme).

▸ **Produktmodifikation**
  Das bestehende Produktprogramm wird verändert. Dies kann durch Verpackungsgestaltung (z. B. ein Buch erhält ein neues Umschlag-Design), eine Produktvariation (z. B. überarbeitete Neuauflage eines Buches) oder eine Produktdifferenzierung (z. B. neben einer gebundenen

Ausgabe wird eine Taschenbuchausgabe herausgegeben) geschehen.

▸ **Produktdiversifikation**
Das bestehende Absatzprogramm wird erweitert. Bei einer horizontalen Diversifikation erfolgt eine Ergänzung des bestehenden Sortiments um ähnliche Produkte (z. B. medizinische Fachbuchhandlung erweitert das Sortiment um pharmazeutische Bücher). Bei der vertikalen Diversifikation werden vor- oder nachgelagerte Produkte mit in das Programm aufgenommen (z. B. Verlag betreibt eine Buchhandlung). Völlig neue Märkte werden bei der lateralen Diversifikation erschlossen, indem das Produktprogramm um Produkte, die keinerlei Verwandtschaft zum bisherigen Sortiment besitzen, erweitert wird (z. B. Buchhandlung verkauft Spielzeug).

▸ **Produktinnovation**
Das bisherige Produkt wird durch ein neues Produkt ersetzt, das dieselben Aufgaben erfüllt, aber auf einer neueren Technologie basiert (z. B. traditionelles Buch wird durch elektronisches Buch ersetzt). Insbesondere der EDV-Markt ist durch eine rasche Folge von Produktinnovationen gekennzeichnet.

▸ **Produktelimination**
Produkte, die nur noch einen geringen Absatz finden, die einen ungenügenden Deckungsbeitrag oder sogar Verluste erwirtschaften, sollten aus dem Produktprogramm gestrichen werden. Allerdings ist zu beachten, dass bestimmte Produkte trotz ungünstiger Absatzzahlen im Sortiment bleiben müssen, wenn sie der Abrundung des Produktprogramms dienen.

Um produktpolitische Entscheidungen fundiert treffen zu können, werden zumeist detaillierte Analysen durchgeführt.

Kontrahierungspolitik

! Die Kontrahierungspolitik beinhaltet die Festsetzung von Preisen (Preispolitik) und die Festlegung von Konditionen (wie Rabatte, Zahlungs- und Lieferungsbedingungen) sowie von sonstigen vertraglichen Vereinbarungen.

Bei der Festlegung von Preisen lassen sich drei Vorgehensweisen unterscheiden:

▶ Kostenorientierte Preisbestimmung
  Bei der kostenorientierten Preisbestimmung orientiert sich die Festsetzung des Verkaufspreises an den im Rahmen der Kalkulation (siehe S. 67 ff.) ermittelten Selbstkosten; zusätzlich sind weitere Komponenten wie der gewünschte Gewinnaufschlag und die Zahlungsbedingungen (z. B. Aufschläge für zu gewährende Nachlässe in Form von Rabatt und Skonto) zu berücksichtigen. Ein so ermittelter Verkaufspreis wird als Kostenpreis bezeichnet.

▶ Nachfrageorientierte Preisbestimmung
  Den Ausgangspunkt der nachfrageorientierten Preisbestimmung bilden nicht die anfallenden Kosten, sondern der Wert, den die Kunden (Nachfrager) einem bestimmten Produkt beimessen und den zu bezahlen sie bereit

sind. Besteht nach einem Produkt eine erhöhte Nachfrage, ermöglicht dies Preissteigerungen. Eine derartige Preisgestaltung ist bei der Marktform des Monopols, aber auch bei exklusiven Marken- oder bei Modeprodukten möglich.

▸ **Konkurrenzorientierte Preisbestimmung**
Bei der konkurrenzorientierten Preisbestimmung werden die Preise des eigenen Unternehmens an das Preisgefüge des Marktes angepasst. Marktpreise sind die auf den Absatzmärkten üblichen Preise, die sich durch die Nachfrage- und Konkurrenzsituation ergeben. Ein Unternehmen kann seine Preise bewusst auf gleichem Niveau oder mit einer bestimmten Abweichung (z. B. etwas unterhalb der Marktpreise) festsetzen.

Bei der Festsetzung von Preisen sind unabhängig von der Bestimmungsmethodik Preisschwellen sowie Preisuntergrenzen zu beachten. Neben absoluten Preisschwellen, die sich aus der Bereitschaft der Käufer ergeben, für ein Produkt einen bestimmten Preis zu zahlen, bestehen relative Preisschwellen, deren Überschreiten zu einem Umsatzrückgang führen kann. Um diese Grenze nicht zu überschreiten, werden gebrochene Preise knapp unterhalb eines runden Schwellenwerts (z. B. 9,99 €) festgesetzt.

Der zweite Bereich der Kontrahierungspolitik ist die Konditionenpolitik. Hierzu zählen

▸ Rabatte,

▸ Zahlungsbedingungen sowie

▸ Liefer- und Transportbedingungen.

Ein Rabatt ist ein Preisnachlass auf den Rechnungsbetrag, der bereits bei der Rechnungsstellung berücksichtigt wird. Es lassen sich Mengenrabatte, Wiederverkäuferrabatte, Einführungsrabatte und Treuerabatte unterscheiden.

Die Zahlungsbedingungen legen fest, zu welchem Zeitpunkt eine Rechnung fällig ist. Die Palette reicht von Vorauszahlungen (z. B. bei Auftragserteilung) über die Zahlung bei Lieferung bis hin zur Zahlung nach einer bestimmten Frist. Außerdem kann eine Zahlung in mehreren Teilzahlungen erfolgen (Ratenzahlung).

Eine besondere Form einer Zahlungsbedingung ist der Skonto. Darunter wird ein Nachlass verstanden, der bei Zahlung innerhalb einer bestimmten Frist gewährt wird. Er soll einen Anreiz dafür bieten, dass der Kunde möglichst pünktlich oder vorzeitig zahlt.

Im Rahmen der Liefer- und Transportbedingungen wird festgelegt, wer die Kosten für die Anlieferung (z. B. Fracht, Zoll) zu tragen hat und an welcher Stelle der Gefahrenübergang erfolgt. So hat bei einer Lieferung „ab Werk" der Käufer sämtliche Kosten für den Transport zu tragen, während bei „frei Haus" die Transportkosten vom Verkäufer übernommen werden.

Weitere Konditionen betreffen Garantiezusagen oder das Umtauschrecht. Für den Fall, dass die Lieferung nicht fristgerecht erfolgt, können Konventionalstrafen festgelegt werden. Viele Unternehmen regeln ihre Zahlungs- und Lieferbedingungen in Form von allgemeinen Geschäftsbedingungen (AGB), die zumeist brancheneinheitlich festgesetzt werden.

Distributionspolitik

> Der Vertrieb stellt die Verteilung des Produkts an den Kunden sicher. Alle Entscheidungen, die diesen Bereich betreffen, werden unter dem Begriff der „Distributionspolitik" zusammengefasst.

Es lassen sich die akquisitorische und die logistische Distribution unterscheiden. Die akquisitorische Distribution befasst sich mit dem organisatorischen Aspekt des Vertriebs, indem als Absatzkanäle spezielle Vertriebswege und Verkaufsorgane festgelegt werden. Die logistische Distribution, die auch als Absatzlogistik bezeichnet wird, übernimmt die Durchführung des Vertriebs, also die eigentliche gegenständliche Verteilung der Waren (Gütertransfer).

Der Vertrieb eines Produkts kann auf direktem oder auf indirektem Weg erfolgen. Bei einem direkten Absatz wird das Produkt direkt vom Hersteller an den Endverbraucher verkauft, während beim indirekten Absatz ein oder mehrere Absatzmittler (z. B. Händler) dazwischengeschaltet sind. Der direkte Absatz wird vor allem bei Investitionsgütern eingesetzt, wenn aufgrund der technischen Komplexität eines Produkts eine intensive Kundenbetreuung durch den Hersteller erforderlich ist.

Ein Unternehmen kann seine Produkte und Dienstleistungen entweder über eigene oder über fremde Verkaufsorgane vertreiben. Unternehmenseigene Verkaufsorgane stellen die Vertriebsabteilung, Mitarbeiter der Fach- und Serviceabteilungen, spezielle Verkaufsniederlassungen und Außendienstmitarbeiter dar. Hersteller, die ihre Produkte ausschließlich im Direktvertrieb anbieten, greifen nur auf unternehmenseigene Verkaufsorgane zurück.

Kommunikationspolitik

Es genügt nicht, gute Produkte herzustellen oder Leistungen anzubieten und zu warten, bis sich dafür Käufer finden. Um am Markt bestehen zu können, muss ein Unternehmen auf sich und auf seine Produkte oder Dienstleistungen aufmerksam machen. Darüber hinaus sollten durch spezielle Maßnahmen das Image, das ein Unternehmen in der Öffentlichkeit besitzt (z. B. Zuverlässigkeit, Produktqualität, Umwelt- und Verantwortungsbewusstsein), positiv gefördert sowie Verhaltensweisen (insbesondere Kaufentscheidungen) beeinflusst werden. Um dies zu erreichen, muss ein Unternehmen mit seinen potenziellen Märkten gezielt „kommunizieren".

Um die Kommunikationswirkungen optimal abstimmen zu können, erfolgt der Einsatz von verhaltenswissenschaftlichen Erkenntnissen. Sehr bekannt ist der AIDA-Ansatz, der die Wirkungsstufen **A**ttention (Aufmerksamkeit erregen), **I**nterest (Interesse wecken), **D**esire (Wunsch erzeugen) und **A**ction (Kaufhandlung auslösen) unterscheidet. Um Aufmerksamkeit zu erzielen und die folgenden Stufen des AIDA-Ansatzes anzustoßen, wird gezielt auf Reize zurückgegriffen, die den Adressaten emotional (z. B. durch Bilder von „süßen" Tierbabys), kognitiv (gedanklich, z. B. durch inhaltliche Widersprüche) oder physisch (z. B. durch Signalfarben) aktivieren sollen. Die Reizaktivierung erfolgt durch den Einsatz von Kommunikationsinstrumenten im Rahmen der Kommunikationspolitik.

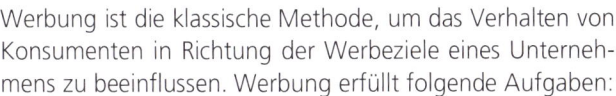

Die Kommunikationspolitik informiert die Öffentlichkeit über das Unternehmen und seine Produkte. Wichtige Komponenten der Kommunikationspolitik sind Werbung, Verkaufsförderung und Öffentlichkeitsarbeit.

Werbung ist die klassische Methode, um das Verhalten von Konsumenten in Richtung der Werbeziele eines Unternehmens zu beeinflussen. Werbung erfüllt folgende Aufgaben:

▸ Bekanntmachung (den Konsumenten soll die Existenz eines Produkts oder einer Dienstleistung bewusst werden)

▸ Information über Produkteigenschaften und Bezugskonditionen

▸ Handlungsbeeinflussung (Überzeugen des Konsumenten und Auslösen einer Kaufhandlung)

Zu den Werbeaktivitäten zählen die Festlegung von Werbebudget und Zielgruppe, die Medienauswahl sowie die Werbeerfolgskontrolle.

Die Festlegung des Werbebudgets (Werbeetats) setzt den finanziellen Rahmen, durch den der Umfang der Werbeaktivitäten in einer Periode begrenzt wird. Das Budget kann sich am Umsatz oder am Gewinn des Unternehmens, aber auch an den Werbeausgaben der Konkurrenz orientieren. Bei einer Orientierung an Umsatz oder Gewinn besteht die Gefahr, dass in Zeiten von Absatzrückgängen auch die Werbeaktivitäten heruntergefahren werden, obwohl gerade in diesen Zeiten verstärkte Werbemaßnahmen zur Ankurbelung des Absatzes sinnvoll wären. Um dies zu vermeiden, setzen manche Unternehmen bewusst eine antizyklische Werbebudgetpolitik ein, die auf Zeiten mit Absatzschwäche mit verstärkten Werbeausgaben reagiert. Bei der Einführung neuer Produkte oder bei der Durchführung von Imagekampagnen wird das Werbebudget projektbezogen festgelegt.

Als Zielgruppe der Werbung können die bisherigen Märkte und Kundengruppen, aber auch die bisherigen Nicht-Kunden angesprochen werden. Im ersten Fall handelt es sich um eine Marktfestigung, im zweiten um eine Marktausdehnung. Von der Zielgruppe ist es wiederum abhängig, welche Werbebotschaft über welches Werbemedium ausgesandt werden soll.

Die Werbebotschaft als eigentliche Werbeaussage kann über verschiedene Werbemittel wie Anzeigen, Prospekte, Plakate, Fernsehspots usw. verbreitet werden. Durch die intensive Werbung ist in den Industrieländern inzwischen eine Informationsüberflutung eingetreten, die dazu führt, dass nur ein Bruchteil der Informationen, die auf einen Konsumenten einwirken, aufgenommen wird. Deshalb müssen Werbebotschaften immer auffälliger dargeboten werden, damit sie die Konsumenten noch erreichen. Wege, die dabei beschritten werden, sind die Steigerung des Unterhaltungswerts der Werbung (z. B. durch auffällige Anzeigentexte oder originelle Werbespots), aber auch besondere Werbeformen wie das Product Placement oder unterschwellige Werbung.

Beim Product Placement, das in Deutschland auch als Schleichwerbung bezeichnet wird, werden Medien, die eigentlich nicht der Werbung dienen, als Werbeträger eingesetzt. Dies ist der Fall, wenn in einem Kino- oder Fernsehfilm die Akteure deutlich sichtbar bestimmte Markengetränke zu sich nehmen, bestimmte Markenkleidung und Uhren tragen oder bestimmte Automarken fahren. In den USA ist das Product Placement als eine Finanzierungsquelle von Filmproduktionen (z. B. bei James-Bond-Filmen) weit verbreitet, in Deutschland bislang eher verpönt. Unterschwellige Werbung wird vom Konsumenten nicht als solche wahrgenommen, beeinflusst aber dennoch dessen Verhalten.

Durch die Verkaufsförderung (Sales Promotion) werden zusätzliche Kaufanreize geboten, die über die Werbung hinausgehen. So können Endverbraucher durch Sonderangebote, Zugaben, kostenlose Warenproben, Gutscheine, Produktvorführungen, Preisausschreiben oder besondere Aktionen zum Kauf angeregt werden. Daneben kann das Verkaufspersonal (Verkäufer, Außendienstmitarbeiter) durch spezielle Schulungs- und Weiterbildungsmaßnahmen, durch die Bereitstellung von Verkaufsunterlagen und Werbematerial (z. B. in Form von Dekorationsmitteln, Verkaufsständern, Plakaten) oder durch (Sach-)Prämien bei hohen Umsätzen (z. B. in Form von Reisen für besonders erfolgreiche Verkäufer) motiviert werden.

Die Maßnahmen der Verkaufsförderung haben eine erhebliche Bedeutung gewonnen, teilweise übersteigen die finanziellen Mittel, die in die Verkaufsförderung fließen, das Budget für die Werbung.

Die Öffentlichkeitsarbeit (Public Relations) hat nicht ein Produkt, sondern das Unternehmen als Ganzes zum Gegenstand. Sie hat die Aufgabe, die eigenen Kompetenzen und Leistungen so darzustellen, dass in der Öffentlichkeit Vertrauen und eine positive Einstellung gegenüber dem Unternehmen entsteht, ein positives Unternehmensimage geschaffen oder erhalten wird. Dazu werden systematisch Kontakte zu Medienvertretern (Journalisten von Zeitungen, Radio, Fernsehen) aufgebaut. Durch die Herausgabe von Presseinformationen erfolgt eine umfassende und frühzeitige Information. Größere Ereignisse wie die Vorstellung des Jahresabschlusses oder die Präsentation neuer Produkte werden durch Pressekonferenzen aufgewertet. Betriebsbesichtigungen lassen das Unternehmen transparent erscheinen. Eine Beteiligung an Ausstellungen und Messen ermöglicht die Präsentation des Unternehmens vor einem interessierten Publikum, das zudem noch persönlich angesprochen werden kann, und den direkten Vergleich mit den Wettbewerbern.

Auf den Punkt gebracht

Das Marketing stellt sicher, dass das gesamte Unternehmen kundenorientiert auftritt. Dazu werden verschiedene Instrumente eingesetzt, deren Abstimmung im Rahmen des Marketing-Mix erfolgt.

Literaturhinweise

Gesamtdarstellungen

Schultz, Volker: Basiswissen Betriebswirtschaft. Management, Finanzen, Produktion, Marketing. 3. Auflage, München: dtv 2008.

Thommen, Jean-Paul; Achleitner, Ann-Kristin: Allgemeine Betriebswirtschaftslehre. 5. Auflage, Wiesbaden: Gabler 2006.

Wöhe, Günter; Döring, Ulrich: Einführung in die allgemeine Betriebswirtschaftslehre. 23. Auflage, München: Vahlen 2008.

Spezielle Bereiche der BWL

Zu Kap. 4: Management

Füser, Karsten: Modernes Management. Business Reengineering, Benchmarking, wertorientiertes Management und viele andere Methoden. 4. Auflage, München: dtv 2007.

Zu Kap. 5 und 6: Rechnungswesen, Controlling

Schultz, Volker: Basiswissen Rechnungswesen. Buchführung, Bilanzierung, Kostenrechnung, Controlling. 5. Auflage, München: dtv 2008.

Zu Kap. 7: Finanzwirtschaft

Perridon, Louis; Steiner, Manfred: Finanzwirtschaft der Unternehmung. 14. Auflage, München: Vahlen 2007.

Zu Kap. 8: Personalwirtschaft

Olfert, Klaus: Personalwirtschaft. 12. Auflage, Ludwigshafen: Kiehl 2006.

Zu Kap. 9: Marketing

Becker, Jochen: Das Marketingkonzept. Zielstrebig zum Markterfolg. 3. Auflage, München: dtv 2005.

Meffert, Heribert/Burmann, Christoph/Kirchgeorg, Manfred: Marketing. Grundlagen marktorientierter Unternehmensführung. 10. Auflage, Wiesbaden: Gabler 2008.

Stichwortverzeichnis

Der Autor

Dr. Volker Schultz ist Leiter des Finanz- und Rechnungswesens der technischen Universität Darmstadt. Als Dozent unterrichtet er an verschiedenen Aus- und Weiterbildungseinrichtungen. In der Reihe Beck-Wirtschaftsberater liegen von ihm die Bände „Basiswissen Betriebswirtschaft" und „Basiswissen Rechnungswesen" vor.

Impressum:

Verlag C. H. Beck im Internet: www.beck.de
ISBN: 978-3-406-57805-2
© 2008 Verlag C. H. Beck oHG
Wilhelmstraße 9, 80801 München

Lektorat und DTP: Text+Design Jutta Cram, 86157 Augsburg,
www.textplusdesign.de
Umschlaggestaltung: Bureau Parapluie, 85253 Großberghofen
Umschlagbild: © Michael Kempf – Fotolia.com
Druck und Bindung: Druckerei C. H. Beck, Nördlingen
(Adresse wie Verlag)

Gedruckt auf säurefreiem, alterungsbeständigem Papier
(hergestellt aus chlorfrei gebleichtem Zellstoff)